数理统计及实训教程

主 编：杨晓刚　王　灿

华东师范大学出版社
·上海·

图书在版编目(CIP)数据

数理统计及实训教程/杨晓刚,王灿主编. —上海:华东师范大学出版社,2018

ISBN 978-7-5675-7818-0

Ⅰ.①数… Ⅱ.①杨…②王… Ⅲ.①数理统计-教材 Ⅳ.①O212

中国版本图书馆 CIP 数据核字(2018)第 110607 号

数理统计及实训教程

主　　编　杨晓刚　王　灿

项目编辑　李　琴

特约审读　王小双

责任校对　朱　鑫

装帧设计　庄玉侠

出版发行　华东师范大学出版社

社　　址　上海市中山北路 3663 号　邮编 200062

网　　址　www.ecnupress.com.cn

电　　话　021-60821666　行政传真 021-62572105

客服电话　021-62865537　门市(邮购)电话 021-62869887

地　　址　上海市中山北路 3663 号华东师范大学校内先锋路口

网　　店　http://hdsdcbs.tmall.com

印 刷 者　浙江临安曙光印务有限公司

开　　本　787×1092　16 开

印　　张　10.5

字　　数　240 千字

版　　次　2018 年 7 月第 1 版

印　　次　2022 年 7 月第 3 次

书　　号　ISBN 978-7-5675-7818-0/G·11178

定　　价　31.60 元

出 版 人　王　焰

本书编写委员会

主　编　杨晓刚　王　灿

编　委　王万禹　宿　娟　鄢盛勇　潘朝毅　李　虎
　　　　王成强　徐　祯　赵晓燕　饶若峰　谭启建

数理统计乃数学中联系实际最直接最广泛的分支之一,但应该指出,其在研究方法上有它的特殊性,和其他数学学科的主要不同点有:

第一,由于随机现象的统计规律是一种集体规律,必须在大量同类随机现象中才能呈现出来,所以,观察、试验、调查就是概率统计这门学科研究方法的基石.但是,作为数学学科的一个分支,它依然具有本学科的定义、公理、定理.尽管这些定义、公理、定理来源于自然界的随机规律,但这些定义、公理、定理是确定的,不存在任何随机性.

第二,在研究概率统计中,使用的是"由部分推断全体"的统计推断方法.这是因为它研究的对象——随机现象的范围是很大的,在进行试验、观测的时候,不可能也不必要全部进行.但是由这一部分资料所得出的一些结论,要在全体范围内推断其可靠性.

第三,随机现象的随机性,是针对试验、调查之前而言的.而真正得出结果后,对于每一次试验,它只可能得到这些不确定结果中的某一种确定结果.我们在研究这一现象时,应当注意在试验前能不能对这一现象找出它本身的内在规律.

本书将着重介绍点估计(矩法估计、极大似然估计)、参数假设检验、非参数假设检验、回归分析和方差分析等基本知识和原理,并借助 SPSS 软件实现对应的实验,使读者对数理统计的原理和作用有更深刻的了解.希望本书可以帮助读者全面理解、掌握数理统计的思想与方法,既能掌握基本而常用的分析和计算方法,又能运用数理统计的观点和方法来研究解决经济与管理等统计工作中的实际问题.

编者

2018.05

目录

第一章

统计学基础知识

第一节　几个基本概念

一、统计总体和总体单位

统计总体简称总体,是指根据一定的研究目的,统计所要研究的、客观存在的、具有某一共同性质的许多个别单位所构成的整体.构成总体的各个个别单位,就是总体单位,简称单位或个体,它是构成总体的最基本单位.例如,要研究某市工业生产经营情况,该市所有的工业企业就是一个总体.这是因为在性质上每个工业企业的经济职能是相同的,都是从事工业生产活动的基本单位,即它们是同性质的,而每一个工业企业就是一个总体单位.

统计总体根据总体单位是否可以计量分为有限总体和无限总体.

有限总体是指一个统计总体中包含的单位数是有限的.例如,全国人口数、工业企业数、商店数等,不论它们的单位数量有多大,都是有限的,可以计量的.对有限总体可以进行全面调查,也可以进行非全面调查.

无限总体是指一个统计总体中包含的单位数是无限的.例如,工业生产中连续大量生产的产品、大海里的鱼资源数等,其数量都是无限的.对无限总体不能进行全面调查,只能抽取一部分单位进行非全面调查,据此推断总体.

统计总体具有以下三个特征:

第一,同质性.是指构成总体的各个单位必须具有某一个共同的特征和性质.同质性是各个个别单位构成统计总体的先决条件.

第二,大量性.是指总体是由许多单位组成的,仅个别或少数单位不能构成总体.这是因为统计研究的目的是为了描述现象的规律,由于个别单位的现象有很大的偶然性,而大量单位的现象综合则相对稳定.因此,现象的规律性只能在大量个别单位的汇总综合中才能表现出来.

第三,变异性.是指构成总体的各单位只是在某一性质上相同,而在其他性质或特征上具有一定的差异.例如,某市全体工业企业的经济职能相同,但是在所有制类型、经营规模、职工人数等方面是不同的.同质性是构成总体的基础,变异性使统计研究成为必要.如果总体的各个单位没有差异,统计研究就成了毫无意义的活动.

总体和总体单位具有相对性,它们随着研究目的的不同是可以变换的.例如,要研究某地区工业企业的生产经营情况,则该地区全部工业企业构成总体,而每一个工业企业是单位:如果要研究该地区某一个企业的生产经营情况,那么该企业就成了总体,该企业下属的各个职能部门就是单位.由此可见,一个工业企业由于研究目的不同,既可以作为一个单位来研究,也可以作为一个总体进行研究.

二、指标与标志

(一)指标

指标,亦称统计指标,是说明总体现象数量特征的概念及其数值.统计指标有两种使用方法,一是进行统计设计或理论研究时所使用的仅有数量概念而没有具体数字的统计指标,例如国内生产总值、国民生产总值、商品销售额、人口出生率等.二是统计指标由指标名称和指标数值构成.例如,某年某市国内生产总值为 3000 亿元,它包括指标名称:国内生产总值;指标数值:3000 亿元.从完整的意义上讲,指标由六个要素构成:时间限制、空间限制、指标名称、指标数值、计量单位、计算方法.

统计学中通常把统计指标分为数量指标和质量指标.

数量指标是反映现象总规模、总水平和工作总量的统计指标,例如人口总数、职工总数、企业总数、工资总额、国内生产总值、商品销售额、货物运输量等.由于数量指标反映现象的总量,所以也称为总量指标,并且由于用绝对数表示,也称为统计绝对数.

质量指标是反映现象相对水平或工作质量的统计指标,例如人口密度、出生率、死亡率、出勤率、劳动生产率、单位产品成本、职工平均工资等.质量指标通常是由两个总量指标对比而派生的指标,用相对指标或平均指标来表示,反映现象之间的内在联系和对比关系.

(二)标志

标志是说明总体单位属性和特征的名称.例如,某企业全体职工作为一个总体,每一位职工是总体单位,职工的性别、年龄、籍贯、民族、文化程度、工龄、工资水平等是说明每一名职工的特征的名称,都称为标志.显然,总体单位是标志的承担者.

标志按其性质不同可分为品质标志和数量标志.

品质标志是表明总体单位品质属性或特征的名称,它不能用数值表示,只能用文字说明.例如,工业企业职工的性别、籍贯、民族、文化程度就是品质标志.

数量标志是表明总体单位数量特征的名称,是用数值表示的.例如,工业企业职工的年龄、工龄、工资水平就是数量标志.数量标志的具体表现为标志值,或为变量值.例如,某工业企业的某职工年龄为 38 岁,工资为 2800 元,其数值就是标志值.

(三)指标与标志的区别与联系

指标与标志既有明显的区别,又有密切的联系.两者的区别有以下两点:

(1)指标是说明总体特征的,而标志是说明总体单位特征的.

(2)标志有能用数值表示的数量标志和不能用数值标识的品质标志,而指标不论是数量指标还是质量指标,都是用数值表示的.

指标与标志的联系有以下两点:

(1)统计指标的数值是从总体单位数量标志的标志值进行直接汇总或间接计算的.

例如,某工业企业职工的月资总额是该企业的所属职工的月资额汇总而来的,而职工的月平均工资则是通过进一步计算得到的.

(2) 指标与数量标志之间存在着变换关系. 当研究目的发生变化,原来的统计总体如果变成了总体单位,则相对应的统计指标也就变为数量标志,反之亦然. 总之,统计指标与数量标志的变换关系和总体与总体单位的变换关系是一致的. 例如,研究目的由原来某地区工业企业的生产经营情况,变为只是研究该地区某一个工业企业的生产经营情况,那么该企业的工业增加值、职工人数、劳动生产率、工资总额等就由原来的数量标志变成为反映该工业企业总体特征的指标了.

三、变异、变量与变量值

变异是指统计所研究的指标与标志,其具体表现在总体及总体单位之间是可变的,即指标及标志的具体表现在各总体或各单位之间不尽相同或有差异. 这样的指标或为变异指标或变异标志. 变异指标是反映不同总体的同一指标之间数值的差异. 变异标志则是反映同一总体内同一标志不同单位之间的差异. 对于品质标志而言,是属性或特征的差异;对于数量标志而言,是数量上的差异. 变异是统计分组和统计分析的基础. 如果没有变异,也就没有必要进行统计研究了.

可变的统计指标和可变的数量标志称作变量. 变量是一种概念或名称,变量的具体数值或具体表现就是变量值,即变量值是指标数值或数量标志的标志值. 变量与变量值是两个既有密切联系又有明显区别的不同概念,不能混用. 例如,某车间有 4 名工人,其月产量分别为:1000 件、1200 件、1500 件、1800 件,这些都是"产量"这个变量的具体数值. 如果要计算这 4 名工人的月平均产量,不能说是求这 4 个变量的平均数,因为这里只有"产量"一个变量,并不是 4 个变量,而所要平均的是这一个变量的 4 个变量值.

变量按变量值是否连续可以分为连续变量和离散变量. 连续变量的变量值是连续不断的,相邻两个值之间可作无限分割,即可取无限多个数值. 例如,人的身高、体重、年龄、零件误差的大小等都是连续变量,它们可以通过称重、测量或计算取到小数后的任意一个位数. 而离散变量的变量值是有限个或可列无限多个,只能用计数的方法取得. 例如,人数、厂数、机器设备数等都可以用数字表示,它们都是离散变量.

变量按其性质不同可以分为确定性变量和随机性变量. 确定性变量是指影响变量值的变动,起某种决定性作用的因素,致使该变量值沿着一定的方向呈上升或下降的变动. 例如,随着人们生活水平的提高以及医疗卫生条件的完善这些确定性因素的影响,使人的期望寿命这个变量的变量值不断提高. 随机性变量是指变量值的变化受不确定因素的影响,变量值的变化没有一个确定的方向,有很大的偶然性. 例如,在同一台机器设备上加工某种机械零件,其尺寸大小总是存在差异. 造成这种差异的因素可能有:原材料质量的变化、电压的不稳定、气温和环境的变化以及操作工人的情绪波动等. 这些影响该种机械零件尺寸变动的因素都是随机发生的,是不确定的. 这里的机械零件尺寸就是一个随机性变量.

四、统计指标体系

统计指标体系是指由若干个相互联系的统计指标所构成的有机整体,用以说明所研究的总体现象各方面的相互依存和相互制约的关系.

单个的统计指标只能反映总体现象的某一个侧面的特征,而一个总体往往具有多种数量表现和数量特征,并且彼此不是孤立的.如果要全面地认识总体的基本特征,必须将反映总体各方面特征的一系列统计指标结合起来,形成统计指标体系,使得我们对总体有更全面、更系统、更深入的认识,更好地发挥统计的整体功能.

由于总体现象本身的联系是多种多样的,所以统计指标之间的联系也是多种多样的,相应地可以建立各种各样的统计指标体系.例如,要反映工业企业的全面情况,就用一系列关于人力资源、资金、物资、生产技术、供应及销售等相互联系的指标来组成工业企业统计指标体系.如果只反映工业企业的产品生产量的情况,就可用产品实物量、产品品种、质量、总产值、净产值、原材料消耗、产品成本、销售利润等一系列统计指标构成产品生产量统计指标体系.如果要从宏观经济的角度反映国民经济运行不同环节之间的经济联系,就必须从生产、分配、流通、使用等过程相应地建立一系列指标,构建反映国民经济运行状况的统计指标体系.有些统计指标体系还可以用具体算术式表示,例如:

商品销售额 = 商品价格 × 商品销售量.

农作物收获量 = 亩产量 × 播种面积.

社会经济统计指标体系可以分为两大类:基本统计指标体系和专题统计指标体系.

基本统计指标体系是反映和研究国民经济与社会发展及其各个组成部分基本情况的指标体系,分为三个层次:最高层是反映整个国民经济与社会发展的统计指标体系,是由社会统计指标体系、经济统计指标体系、科技统计指标体系 3 个子系统构成;中间层则是各个地区和各个部门的统计指标体系,它是最高层统计指标体系的横向分支和纵向分支,是为了满足本地区和本部门的社会经济管理、检查、监督的需要而设置的指标体系;第三个层次是基层统计指标体系,是指各种企业和事业单位的统计指标体系.它既要满足本企业和本单位的管理和监督的需要,同时也要满足中间层和最高层建立统计指标体系的需要.

专题统计指标体系是针对社会经济的某一个专门问题而制定的统计指标体系.例如,经济效益指标体系、小康生活水平指标体系、和谐社会指标体系等.

统计指标体系按其功能不同,可分为描述统计指标体系、评价统计指标体系和预警统计指标体系.描述统计指标体系是全面反映客观事物的状况、运行过程和结果,它包括所有必要的统计指标,具有较强的稳定性.评价统计指标体系是比较、判断客观事物的运行过程和结果正常与否,它是根据不同分析评价的需要而建立的.它有一部分指标可以直接从描述统计指标体系中选取,另一部分指标可由描述统计指标加工处理后得到,该指标体系比较灵活、变动性大.预警统计指标体系是对客观事物的运行进行监测,并根据指标值的变化,预报即将出现的不正常状态、突发事件及某些结构性障碍等.该体系的指标一部分是由描述指标体系中的灵敏性和关键性指标所组成,另一部分是对一些描述指标加工而成.在这三种指标体系中,描述统计指标体系是最基本的指标体系,它是建立评价、预警统计指标体系的基础.

第二节 数据及其描述

一、统计数据的分类

按计量层次可以分为定类数据、定序数据、定距数据、定比数据.

二、数值平均数

数值平均数是对统计数列的所有各项数据计算的平均数,它能够概括整个数列中所有各项数据的一般水平和集中趋势,并受数列中每一个标志值变动的影响.数值平均数主要有:算术平均数、调和平均数和几何平均数.

(一)算术平均数($\bar{x}$)

算术平均数是一种运用最广泛、最频繁的平均数,它是将总体各单位某一数量标志之和求得标志总量后,除以总体单位总数.当提到平均数而又未说明其形式时,通常就指算术平均数,其基本公式如下:

$$算术平均数 = \frac{总体标志总量}{总体单位总数}.$$

利用这一计算公式时,应注意公式的分子项与分母项在总体范围上必须保持一致,否则,其意义与平均指标就有所不同.这也是平均指标与相对指标的性质差异.

根据所掌握的资料不同,算术平均数可以分为简单算术平均数和加权算术平均数.在具体的计算过程中,根据未经分组的原始数据求平均时,一般计算简单算术平均数,且简单算术平均数多用于数据量较小的情况.当数据量较大时,我们一般用分组或频率分布进行计算——以频率或频数为权数,用加权平均数的形式计算算术平均数.

1. 简单算术平均数

简单算术平均数就是直接将各变量值相加,再除以变量值的个数.简单算术平均数在资料未经分组整理的情况下应用,其计算公式为:

$$\bar{x} = \frac{x_1 + x_2 + \cdots + x_n}{n} = \frac{\sum_{i=1}^{n} x_i}{n} = \frac{\sum x}{n},$$

其中,$\bar{x}$表示算数平均数;x_i表示第i个单位的标志值$(i = 1, 2, 3, \cdots, n)$;n表示总体单位总数.

例1. 某生产小组有10名工人,日生产零件分别为34件、28件、35件、45件、42件、37件、30件、40件、38件、43件,求该10名工人的人均日产量.

解:10名工人的人均日产量为:

$$\bar{x} = \frac{\sum x}{n} = \frac{34 + 28 + 35 + 45 + 42 + 37 + 30 + 40 + 38 + 43}{10} = 37.2(件 / 人).$$

2. 加权算术平均数

当资料已经分组,整理成变量数列时,可以使用加权平均数来计算.其计算公式为:

$$\bar{x} = \frac{x_1f_1 + x_2f_2 + \cdots + x_nf_n}{f_1 + f_2 + \cdots + f_n} = \frac{\sum\limits_{i=1}^{n} x_i f_i}{\sum\limits_{i=1}^{n} f_i} = \frac{\sum xf}{\sum f}.$$

其中，x_i 表示第 i 组变量值；f_i 表示第 i 组单位数；$x_i f_i$ 表示第 i 组的标志量总和（$i=$ 1，2，$\cdots$，n）；n 表示组数.

上式也可以用公式表示为：

$$\bar{x} = \frac{\sum xf}{\sum f} = \frac{x_1 f_1 + x_2 f_2 + \cdots + x_n f_n}{\sum f}$$

$$= x_1 \frac{f_1}{\sum f} + x_2 \frac{f_2}{\sum f} + \cdots + x_n \frac{f_n}{\sum f}$$

$$= \sum x \frac{f}{\sum f}.$$

例2. 某工厂车间 20 名工人加工某种零件的日产量资料如表 1-1 所示，试计算这 20 名工人的平均日产量.

表 1-1　　　　　　　　　20 名工人零件生产数量分组资料

按日产量分组（件）	工人人数（人）
14	2
15	4
16	8
17	5
18	1
合计	20

解：平均日产量计算表如表 1-2 所示.

表 1-2　　　　　　　　　20 名工人平均日产量计算表

按日产量分组（件）x	工人人数（人）f	总产量（件）xf	各组工人人数占总人数比重 $\dfrac{f}{\sum f}$	$x\dfrac{f}{\sum f}$
14	2	28	0.10	1.40
15	4	60	0.20	3.00
16	8	128	0.40	6.40
17	5	85	0.25	4.25
18	1	18	0.05	0.90
合计	20	319	1.00	15.95

20 名工人平均的日产量为：

$$\bar{x} = \frac{\sum xf}{\sum f} = \frac{14 \times 2 + 15 \times 4 + 16 \times 8 + 17 \times 5 + 18 \times 1}{2 + 4 + 8 + 5 + 1} = \frac{319}{20} = 15.95(件 / 人).$$

如果利用工人比重的资料进行加权计算，也可以得到同样的结果：

$$\bar{x} = \sum x \frac{f}{\sum f} = 14 \times 0.1 + 15 \times 0.2 + 16 \times 0.4 + 17 \times 0.25 + 18 \times 0.05$$

$$= 15.95(件 / 人).$$

根据数据资料的不同，用来作为权数的主要有两种形式：一种是数据的各可能值——变量出现的次数（频数），另一种是频率．通过上面的举例可以看出，在计算加权算术平均数的过程中，无论是采用绝对权数（例中为工人人数），还是采用相对权数（例中为工人比重）来加权，其计算结果是一样的．但从分析的角度来说，两种加权方式各有特点．采用绝对权数计算，能够分别给出总体的单位总数（员工总人数）和标志总量（工资总额）；采用相对权数计算，则更能体现加权作用的实质．这是因为：在被平均变量的可能取值已经给定的情况下，绝对权数的变化不一定会引起平均数计算结果的变化；而相对权数一旦变化，就必然会影响到平均数的计算结果．所以，利用相对权数来分析总体内部结构变化对于平均数变化的影响，无疑具有独特的作用．当然，当各变量值的权数都相等时，即 $f_1 = f_2 = \cdots = f_n$ 时，权数也就失去了衡量轻重的作用，这时加权算术平均数即为简单算术平均数．

3. 算术平均数的数学性质

算术平均数是最重要的平均数形式，了解和运用一些算术平均数的计算或分析性质，能够帮助我们在计算中减少工作量．归纳起来，算术平均数有两个重要的数学性质．

（1）算术平均数与各个变量值的离差之和为零．

对于简单算术平均数：$\sum (x - \bar{x}) = 0$ 或 $n \cdot \bar{x} = \sum x$.

证明：$\sum (x - \bar{x}) = \sum x - n \cdot \bar{x} = \sum x - n \frac{\sum x}{n} = \sum x - \sum x = 0.$

对于加权算术平均数，则有：$\sum (f \bar{x}) = \sum fx$ 或 $\sum (x - \bar{x}) f = 0.$

证明：

$$\sum (x - \bar{x}) \cdot f = \sum xf - \sum \bar{x} f = \sum xf - \bar{x} \sum f$$

$$= \sum xf - \frac{\sum xf}{\sum f} \sum f = \sum xf - \sum xf = 0.$$

这些都表明，算术平均数用来代表个别单位的标志值固然存在误差，但用来代表整个总体或分布数列的一般水平，却是没有误差的，因为它与个别单位标志值的正、负离差恰好相互抵消，从而使得离差总和恒等于零．这个性质说明，平均数是把总体单位变量值的差异全部抽象化了．

（2）给定任意一个常数 c，对于简单算术平均数和加权算术平均数，分别有：

$$\sum (x - \bar{x})^2 \leqslant \sum (x - c)^2, \quad \sum (x - \bar{x})^2 f \leqslant \sum (x - c)^2 f.$$

证明：设 x_0 为不等于平均数 $\bar{x}$ 的任意值，则会 $\bar{x} - x_0 = c, c \neq 0$.

由于 $\bar{x} - x_0 = c$，则 $x_0 = \bar{x} - c$，代入以 x_0 为中心的离差平方和，得

$$\sum (x - x_0)^2 = \sum [x - (\bar{x} - c)]^2$$
$$= \sum (x - \bar{x} + c)^2$$
$$= \sum [(x - \bar{x})^2 + 2c(x - \bar{x}) + c^2]$$
$$= \sum (x - \bar{x})^2 + 2c \sum (x - \bar{x}) + nc^2$$
$$= \sum (x - \bar{x})^2 + nc^2,$$

从而有 $\sum (x - x_0)^2 - nc^2 = \sum (x - \bar{x})^2$.

由于 $c \neq 0$，则 $nc^2 \geqslant 0$，

得 $\quad \sum (x - x_0)^2 \geqslant \sum (x - \bar{x})^2$,

故 $\quad \sum (x - \bar{x})^2 \leqslant \sum (x - c)^2$.

（二）调和平均数(H)

调和平均数也称"倒数平均数"，它是对变量值的倒数求平均值，然后再取倒数而得到的平均数，记作 H. 作为算术平均数的一种变形，一种特定意义上的调和平均数，在统计中具有相当强的实用性. 调和平均数有简单调和平均数与加权调和平均数两种计算形式：

1. 简单调和平均数

$$H = \frac{1}{\dfrac{\dfrac{1}{x_1} + \dfrac{1}{x_2} + \cdots + \dfrac{1}{x_n}}{n}} = \frac{n}{\dfrac{1}{x_1} + \dfrac{1}{x_2} + \cdots + \dfrac{1}{x_n}} = \frac{n}{\sum \dfrac{1}{x}}.$$

2. 加权调和平均数

$$H = \frac{1}{\dfrac{\dfrac{m_1}{x_1} + \dfrac{m_2}{x_2} + \cdots + \dfrac{m_n}{x_n}}{m_1 + m_2 + \cdots + m_n}} = \frac{m_1 + m_2 + \cdots + m_n}{\dfrac{m_1}{x_1} + \dfrac{m_2}{x_2} + \cdots + \dfrac{m_n}{x_n}} = \frac{\sum m}{\sum \dfrac{m}{x}}.$$

例3. 某企业分三批购进同一种原材料，已知每批原材料购进的价格与购进的总金额如表1-3所示，试计算购进该种原材料的平均价格.

表1-3　　　　　　　　　购进原材料平均价格计算表

购进批次	价格(元/公斤)x	金额(元)m	购进数量(公斤) $f = \dfrac{m}{x}$
第一批	80	40 000	500
第二批	85	38 250	450
第三批	78	46 800	600
合计	—	125 050	1550

解:原材料平均价格为:

$$H = \frac{\sum m}{\sum \dfrac{m}{x}} = \frac{40\,000 + 38\,250 + 46\,800}{\dfrac{40\,000}{80} + \dfrac{38\,250}{85} + \dfrac{46\,800}{78}} = \frac{125\,050}{1550} = 80.68(元 / 公斤).$$

该例题中:原材料平均价格是总金额(总体标志总量)除以购进总量(总体单位总量),它的计算方法实际上与算术平均数一样.调和平均数的权数即购进金额为购进价格与购进数量的乘积,即 $m = xf$,调和平均数和算术平均数的关系如下:

$$H = \frac{\sum m}{\sum \dfrac{m}{x}} = \frac{\sum xf}{\sum \dfrac{xf}{x}} = \frac{\sum xf}{\sum f} = \bar{x}.$$

本例中,利用加权算术平均数的式子可得

$$\bar{x} = \frac{\sum xf}{\sum f} = \frac{80 \times 500 + 85 \times 450 + 78 \times 600}{500 + 450 + 600} = \frac{125\,050}{1550} = 80.68(元 / 公斤).$$

由以上计算结果可见,调和平均数是算术平均数的变形,虽然它们的计算方法不同,但其实质是一样的.

对于调和平均数和算术平均数,若已知条件为分组资料的各组变量值 x,即各组的标志值总和 m 即 xf 时,可采用加权调和平均法计算平均指标;若已知条件为分组资料的各组变量值 x 即各组的次数 f 时,可直接用加权算术平均方法计算平均指标.

例4. 某年某集团公司下属有 15 个企业,其工业生产产值的计划完成程度即实际产值如表 1-4 所示,试计算该集团公司该年的平均完成程度.

表 1-4　　　　　　　　购进原材料的平均价格计算表

产值计划完成程度(%)	组中值(%)x	企业个数	实际产值(万元)m	计划产值(万元)$\dfrac{m}{x}$
90～100	95	2	760	800
100～110	105	6	3675	3500
110～120	115	4	4485	3900
120～130	125	3	6000	4800
合计	—	15	14 920	13 000

解:根据各组已知的实际产值除以产值计划完成程度可求得各组计划产值,该集团公司的平均计划完成程度为:

$$平均计划完成程度 = \frac{实际产值总数}{计划产值总数} \times 100\% = \frac{\sum m}{\sum \dfrac{m}{x}} \times 100\%$$

$$= \frac{760+3675+4485+6000}{\frac{760}{0.95}+\frac{3675}{1.05}+\frac{4485}{1.25}+\frac{6000}{1.25}} \times 100\% = \frac{14\,920}{13\,000} \times 100\%$$

$$= 114.77\%.$$

（三）几何平均数（G）

几何平均数是若干变量值的连乘积的 n 次方根，其中 n 是变量值的个数，几何平均数说明事物在一段时间按几何级数规律变化的量的平均水平，它主要用来计算平均发展速度．几何平均数记作 G，根据掌握的资料是否分组，几何平均数也分为简单几何平均数与加权几何平均数两种方法．

1. 简单几何平均数

$$G = \sqrt[n]{x_1 x_2 \cdots x_n} = \sqrt[n]{\prod_{i=1}^{n} x_i} = \sqrt[n]{\prod x}.$$

其中，x_i 表示被平均的变量，$i = 1, 2, 3, \cdots, n$；$\prod$ 表示连乘符号．

例5. 某产品经过三个流水连续作业的车间加工生产而成．本月第一车间的产品合格率为 90%，第二车间的产品合格率为 80%，第三车间的产品合格率为 70%．求全厂的平均合格率．

解：全厂的总合格率为：

$$总合格率 = 90\% \times 80\% \times 70\% = 50.4\%.$$

因此平均合格率为：

$$平均合格率 = \sqrt[n]{\prod x} = \sqrt[3]{90\% \times 80\% \times 70\%} = \sqrt[3]{50.4\%} = 79.58\%.$$

2. 加权几何平均数

$$G = \sqrt[\sum f]{x_1^{f_1} x_2^{f_2} \cdots x_n^{f_n}} = \sqrt[\sum f]{\prod x^f}.$$

其中，f_i 表示各个变量值出现的次数，$i = 1, 2, 3, \cdots, n$．

例6. 设某笔为期 20 年的投资按复利计算收益，前 10 年的年利率为 10%，中间 5 年的利率为 8%，最后 5 年的年利率为 6%．求年平均利率．

解：年平均本利率 $= \sqrt[20]{1.1^{10} \times 1.08^5 \times 1.06^5} = 108.49\%$，

年平均利率 $= 108.49\% - 1 = 8.49\%$．

3. 几何平均数的数学性质

以 G 表示几何平均数，则几何平均数具有如下性质：

(1) $\ln G$ 等于 $\ln x_1, \ln x_2, \cdots, \ln x_n$ 的算术平均数．

(2) 设 G_x 和 G_y 分别为 $x_1, x_2, \cdots, x_n$ 和 $y_1, y_2, \cdots, y_n$ 的几何平均数，则 $x_1 y_1$，$x_2 y_2, \cdots, x_n y_n$ 的几何平均数等于 $G_x G_y$，$x_1/y_1, x_2/y_2, \cdots, x_n/y_n$ 的几何平均数等于 G_x/G_y．

（3）如果数据中含有 0，那么其几何平均数为 0.

例 7. 某企业生产化肥的产量的逐年发展速度的数据如表 1-5 所示，试计算在六年间化肥产量的平均发展速度、平均增长速度.

表 1-5　　　　　　　某企业六年间化肥产量的逐年发展速度

年度	第一年	第二年	第三年	第四年	第五年	第六年
化肥产量(万吨)	120	124	131	135	140	147
发展速度(%)	—	103.33	105.65	103.05	103.70	105.00
$\ln x_i$	—	0.0328	0.0550	0.0300	0.0363	0.0488

解：由几何平均数计算这六年的平均发展速度：

$$G = \sqrt[5]{x_1 x_2 x_3 x_4 x_5}$$

$$= \sqrt[5]{1.0333 \times 1.0565 \times 1.0305 \times 1.0370 \times 1.0500} = 104.14\%.$$

考虑到开高次方根计算比较麻烦，可以利用几何平均数的数学性质（1）先求各数值的对数的算术平均数，再求几何平均数：

$$\ln G = \frac{\sum \ln x}{n} = \frac{0.0328 + 0.0550 + 0.0300 + 0.0363 + 0.0488}{5} = 0.0406,$$

于是有

$$G = e^{\ln G} = e^{0.0406} = 104.14\%.$$

所以，该企业化肥产量在这六年间的平均增长速度为：$104.14\% - 1 = 4.14\%$.

(四) 三种平均数的关系

可以证明，对于任意一组大于 0 的数据 x_1，x_2，…，x_n，其调和平均数 H、几何平均数 G 和算术平均数 $\bar{x}$ 之间存在如下关系：$H \leqslant G \leqslant \bar{x}$.

三者相等当且仅当：$x_1 = x_2 = \cdots = x_n$.

当数据波动幅度较小时，三种平均数的值差别较小. 掌握了对同一组数据三种平均数之间的这种关系，能够帮助我们从数值上确定某一平均数的范围. 但是必须强调，这只是一种数量关系，并不因此放弃计算几何平均数，而用算术平均数代替. 几何平均数是平均指标的一种独立形式，与算术平均数和调和平均数在统计意义上有很大差别. 只有数据的连乘积等于总比率或总速度的时候，才能使用几何平均数计算其平均发展速度，这就要求我们在实际应用中，必须根据研究目的，具体分析社会经济现象的客观性质，选择合理的平均指标形式，只有这样才能客观、真实地反映事物的发展水平. 否则，应当选用算术平均数时而误用了几何平均数，必然低估了数值的平均水平；反之，将高估数据的一般水平，尤其对于以几何比率变动的社会经济现象，其一般发展水平估计的误差，反映在绝对值上的差别往往是很明显的.

例 8. 某水泥生产企业 2006 年的水泥产量为 100 万吨，2007 年与 2006 年相比增长率为 9%，2008 年与 2007 年相比增长率为 16%，2009 年与 2008 年相比增长率为 20%，试计算各年的年平均增长率.

解:通过给出的数据可知,各年与前一年相比的比值(即发展速度)分别为 109%、116%、120%,则平均发展速度为:

$$G = \sqrt[n]{x_1 x_2 \cdots x_n} = \sqrt[n]{\prod x} = \sqrt[3]{109\% \times 116\% \times 120\%} = 114.91\%.$$

在本题中,如果采用算术平均数计算,则年平均增长率为

$$(9\% + 16\% + 20\%) \div 3 = 115\%.$$

尽管与几何平均数的结果相差不大,但这一结果是错误的.因为,根据各年的年增长率可知,2007 年的产量为 $100 \times 109\% = 109$(万吨),2008 年为 $109 \times 116\% = 126.44$(万吨),2009 年为 $126.44 \times 120\% = 151.728$(万吨).如果按照算术平均法计算平均增长率,2009 年的产量应为 $100 \times 115\% \times 115\% \times 115\% = 152.0875$(万吨),而实际产量为 151.728 万吨,它与按几何平均法计算的平均增长率推算的结果是一致的,即 $100 \times 114.91\% \times 114.91\% \times 114.91\% = 151.731$(万吨).从下面的分析中也可以看出这一点.

设开始数值为 y_0,逐年增长率为 G_1,G_2,$\cdots$,G_n,第 n 年的数值为:

$$y_n = y_0(1+G_1)(1+G_2)\cdots(1+G_n) = y_0 \prod (1+G).$$

从 y_0 到 y_n 用 n 年,每年的增长率都相同,这个增长率 G 就是平均增长率 $\overline{G}$,即上式的 G_i 都等于 $\overline{G}$.因此,有:

$$(1+\overline{G})^n = \prod (1+G),$$

从而有 $\overline{G} = \sqrt[n]{\prod (1+G)} - 1.$

当所平均的各比率数值相差不大时,算术平均和几何平均的结果相差不大.如果各比率的数值相差较大时,二者的差别就很明显.

三、位置平均数

位置平均数亦称描述平均数,是反映数据结构特点的位置特征.与前述的数值平均数不同,位置平均数通常不是对统计数列的所有各项数据进行计算的结果,而是根据总体中处于特殊位置上的个别单位或者部分单位的标志值来确定的代表值.因此,统计总体或统计数列中某些数据的变动,不一定会影响到位置平均数的水平.尽管如此,位置平均数对于整个总体仍然具有非常直观的代表性,反映了总体的一般水平和集中趋势.与位置平均数相比,数值平均数是全部的标志值都参加运算,容易受两个端点值的影响,当变量数列中存在极大值或极小值时,用数值平均数计算某一标值的一般水平,很可能失去其代表性.

例如,某部门 10 名职工的月工资额(单位:元)分别为:300、350、400、500、530、540、570、600、610、3000.计算 10 人的平均工资为 $7400/10 = 740$(元).显然,用 740 元作为 10 名职工工资的一般水平是不合理的,因为这 10 名职中没有一个人的工资接近

740元,原因在于3000元这个极端值使均值失去了代表性.因此,就这类数列而言,计算位置平均数可能更适合.位置平均数是根据变量值在变量数列所处的位置特征而确定的,故称为位置平均数,同样具有表明同类经济现象一般功能.位置平均数包括众数和中位数.

有些社会经济现象的特征表现为品质标志型的,无法采用计算平均数来表现总体性,这时可选用位置平均数.例如,5位学生某学科的考试成绩为优、优、良、良、中,则第3个学生的成绩为"良",即这组资料的中位数是"良",表明这5位学生的学习成绩总体情况良好,体现了平均成绩的作用.有些社会经济现象的特征虽然表现为数量标志,即使可以取得各种计算平均数,但这些平均数并没有实在的经济意义.例如,服装的生产,人们不可能按计算的平均尺码数值去统一组织生产同一大小的服装,而需要确定众数,以作为生产量的依据.

(一) 众数(Mo)

众数是一种位置平均数,它是指总体中出现次数最多的标志值.一般只在总体数据较多,而且又存在较明显的集中趋势的数列中才存在众数.众数不受极端值的影响.如果总体中有两个或两个以上标志值的次数都比较集中,就可能有两个或两个以上众数.如果总体单位数少或虽多但无明显集中趋势,就不存在众数.在实际工作和生活中,众数的应用很广泛,如大多数人所穿戴的服装、鞋帽的尺寸,集市贸易中某种商品大多数的成交价格,大多数家庭的人口数等,都是众数.众数具有一般水平或代表值的意义.

根据所给的资料不同,众数的计算方法可分为两种:

1. 由未分组资料或单项式数列计算众数

在资料未分组或分组资料为单项式数列时,可以直接观察标志值出现的次数,找出次数最多的标志值,即为众数.

例9. 某班级20名学生的统计学成绩(分)分别为:60、62、65、68、69、70、70、70、70、70、70、73、74、75、77、78、80、81、82、85,试求众数.

解: 70分出现的次数最多,为6次,因此该总体的众数为:$Mo = 70$(分).

2. 由组距数列计算众数

在资料分组为组距数列时,先在组距数列中确定众数所在的组,然后再利用上下限公式公式计算众数.

下限公式:

$$Mo = L_{Mo} + \frac{\Delta_1}{\Delta_1 + \Delta_2} d_{Mo}.$$

上限公式:

$$Mo = U_{Mo} - \frac{\Delta_2}{\Delta_1 + \Delta_2} d_{Mo}.$$

式中:L_{Mo} 为众数组下限;U_{Mo} 为众数组上限;Δ_1 为众数组次数与上一组次数之差;Δ_2 为众数组次数与下一组次数之差;d_{Mo} 为众数组组距.

例10. 某年某市80个中型工业企业按总产值的分组情况如表1-6所示,试求众数.

表1-6 某年某市80个中型工业企业按总产值的分组情况

按工业总产口分组（百万元）	企业数
10 以下	10
10～20	25
20～30	20
30～40	15
40～50	8
50～60	2
合计	80

解：根据下限公式计算：

$$Mo = L_{Mo} + \frac{\Delta_1}{\Delta_1 + \Delta_2} d_{Mo} = 10 + \frac{25-10}{(25-10)+(25-20)} \times 10 = 17.5（百万元）.$$

根据上限公式计算：

$$Mo = U_{Mo} - \frac{\Delta_2}{\Delta_1 + \Delta_2} d_{Mo} = 20 - \frac{25-20}{(25-10)+(25-20)} \times 10 = 17.5（百万元）.$$

采用两种方法计算的结果一致，在实际中，只需按其中一种方法计算即可.

（二）中位数（*Me*）

中位数是将数列中的标志值按大小顺序排列，处于中间位置的那个标志值. 中位数把全部标志值分成两个部分，即两端的标志值个数相等. 中位数不受极端值的影响，当数列中出现极大标志值或极小标志值时，中位数比数值平均数更具有代表性. 在缺乏计量手段时，也可用中位数近似地代替算术平均数. 例如，估计一群人的平均身高，而无测量身高的仪器，则可对人群按身高排队，中间那个人的身高就是平均身高的近似值.

根据所给的资料不同，中位数的计算方法可分为三种.

1. 由未分组资料计算中位数

当资料为未分组的原始资料时，先对数列按标志值大小排序，排序结果为：

$$x_1 \leqslant x_2 \leqslant \cdots \leqslant x_n,$$

然后按排序结果确定中位数的位置，中位数的位置公式为：

$$中位数位置 = \frac{n+1}{2},$$

式中，n 表示标志值的项数. 若标志值的项数为奇数，则处于中间位置的标志值就是中位数；若标志值的项数为偶数，则处于中间位置的两个标志值的算术平均数就是中位数.

例11. 有9个工人生产某种产品（单位：件）的日产量数据按大小顺序排列为：6、8、10、12、15、17、23、29、32，试确定中位数.

解：中位数位置 $= \frac{n+1}{2} = \frac{9+1}{2} = 5.$

第 5 位工人的日产量为中位数, 即 $Me = 15$(件).

例12. 有 10 个工人生产某种产品(单位: 件)的日产量数据按大小顺序排列为 6、8、10、12、15、17、23、29、32、35, 试确定中位数.

解: 中位数位置 $= \dfrac{n+1}{2} = \dfrac{10+1}{2} = 5.5$.

第 5.5 位工人的日产量为中位数, 即 $Me = \dfrac{15+17}{2} = 16$(件).

2. 由单项式数列计算中位数

在资料分组为单项式数列时, 先计算单项式数列的向上或向下累计次数, 累计次数第一次超过中位数位置的那一组即为中位数所在组, 该组的标志值即为中位数. 中位数的位置公式为:

$$中位数位置 = \frac{\sum f}{2}.$$

例13. 某生产车间 120 名工人生产某种零件的日产量分组资料如表 1-7 所示, 试计算该车间工人日产量的中位数.

表 1-7　　　　　　　　　　某车间工人日产量分组资料

按日产量 分组(件)	工人数(人)f	工人人数累计	
		向上累计	向下累计
20	10	10	120
22	12	22	110
24	25	47	98
26	30	77	73
30	18	95	43
32	15	110	25
33	10	120	10
合计	120	—	—

解: 中位数位置 $= \dfrac{\sum f}{2} = \dfrac{120}{2} = 60$.

根据工人人数累积次数, 向上累计的累积次数为 77, 超过中位数位置 60, 该组为中位数组, 中位数为 26 件.

若根据向下累计的累积次数为 73, 超过中位数位置 60, 该组为中位数组, 中位数为 26 件.

3. 由组距式变量数列计算中位数

在资料分组为组距式变量数列时, 先计算组距式变量数列的向上或向下累计次数, 累计次数第一次超过中位数位置的那一组即为中位数所在组. 中位数的位置公式为:

$$中位数位置 = \frac{\sum f}{2}.$$

然后根据中位数组的上限、下限计算中位数的值,其计算公式为:

下限公式:

$$Me = L_{Me} + \frac{\frac{\sum f}{2} - S_{Me-1}}{f_{Me}} d_{Me}.$$

上限公式:

$$Me = U_{Me} + \frac{\frac{\sum f}{2} - S_{Me+1}}{f_{Me}} d_{Me}.$$

式中:L_{Me} 为中位数组的下限;$\sum f$ 为次数总和;U_{Me} 为中位数组的上限;f_{Me} 为中位数所在组的次数;d_{Me} 为中位数所在组的组距;S_{Me-1} 为中位数所在组以下的累计次数;S_{Me+1} 为中位数所在组以上的累计次数.

如果资料只有向上累计次数的形式,那么中位数的上限公式为:

$$Me = U_{Me} + \frac{S_{Me} - \frac{\sum f}{2}}{f_{Me}} d_{Me}.$$

式中,S_{Me} 为中位数所在组的累计次数.

例 14. 某市某年城市住户抽样调查资料如表 1-8 所示,试计算该城市住户家庭月收入的中位数.

表 1-8　　　　　　　　某市某年城市住户收入抽样调查资料

按月收入额分组(元)	调查户数(户)	累计次数	
		向上累计	向下累计
3000 以下	30	30	500
3000～4000	80	110	470
4000～5000	100	210	390
5000～6000	110	320	290
6000～7000	70	390	180
7000～8000	60	450	110
8000 以上	50	500	50
合计	500	—	—

解:中位数位置 $= \dfrac{\sum f}{2} = \dfrac{500}{2} = 250$.

由向上累计,第四组累计次数为 320,超过 250,故该组为中位数所在组. 由下限公式:

$$Me = L_{Me} + \frac{\frac{\sum f}{2} - S_{Me-1}}{f_{Me}} d_{Me} = 5000 + \frac{500/2 - 210}{110} \times 1000 = 5363.64(元).$$

还可以由向下累计,第四组累计次数为 290,超过 250,故该组为中位数所在组. 由上限公式:

$$Me = U_{Me} + \frac{\frac{\sum f}{2} - S_{Me+1}}{f_{Me}} d_{Me} = 6000 - \frac{500/2 - 180}{110} \times 1000 = 5363.64(元).$$

(三) 分位数

中位数是从中点将全部数据等分为两部分. 与中位数类似的还有四分位数 (quartile)、十分位数(decile)和百分位数(percentile). 它们分别是用 3 个点、9 个点和 99 个点将数据 4 等分、10 等分和 100 等分后各分位点上的值. 一般地,称能够将全部总体单位按标志值大小等分为 k 个部分的数值为"k 分位数",显然,这样的 k 分位数共有 $(k-1)$ 个. 确定各种分位数旨在进一步把握总体的分布范围和内部结构. 与中位数和众数一样,这些分位数也反映了总体分布的位置特征. 尽管它们一般并不表明分布的集中趋势(即本身不属于位置平均数),但却可以作为考察分布的集中趋势和变异状况的有效工具,尤其是在强调"稳健性"和"耐抗性"的现代探索性数据分析中,分位数这一工具获得了许多重要运用. 这里只介绍四分位数,其他分位数与之类似.

四分位数是能够将全部总体单位按标志值大小等分为四部分的三个数值,分别记为 Q_1、Q_2 和 Q_3. 第一个四分位数 Q_1 也叫做"1/4 分位数"或"下分位数";第二个四分位数 Q_2 就是中位数,第三个四分位数 Q_3 也叫做"3/4 分位数"或"上分位数".

在总体所有 n 个单位的标志值都已经按大小顺序排列的情况下,3 个四分位数的位次分别为:

$$Q_1 \text{ 的位次} = \frac{n+1}{4},$$

$$Q_2 \text{ 的位次} = \frac{2(n+1)}{4} = \frac{n+1}{2},$$

$$Q_3 \text{ 的位次} = \frac{3(n+1)}{4}.$$

如果 $(n+1)$ 恰好为 4 的倍数,则按上面公式计算出来的位次都是整数:这时各个位次上的标志值就是相应的四分位数,有

$$Q_1 = x_{\frac{n+1}{4}}, \quad Q_2 = x_{\frac{n+1}{2}}, \quad Q_3 = x_{\frac{3(n+1)}{4}}.$$

如果 $(n+1)$ 不是 4 的倍数,按上面公式计算出来的四分位数位次可能带有小数,这时有关的四分位数就应该是该带小数相邻的两个整数位次上的标志值的某种加权算术平均数,权数的大小则取决于两个整数位次与四分位数距离的远近. 距离越近权数越大,距离越远权数越小.

例 15. 当给定总体单位数为 $n = 50$ 时,容易确定:

$$Q_1 \text{ 的位次} = \frac{n+1}{4} = 51/4 = 12.75,$$

$$Q_2 \text{ 的位次} = \frac{2(n+1)}{4} = \frac{n+1}{2} = 51/2 = 25.5,$$

$$Q_3 \text{ 的位次} = \frac{3(n+1)}{4} = 3 \times 51 \div 4 = 38.25.$$

这时,三个四分位数就应该分别为:

$$Q_1 = 0.25x_{12} + 0.75x_{13} = x_{12} + 0.75(x_{13} - x_{12}),$$
$$Q_2 = 0.5x_{25} + 0.5x_{26} = x_{25} + 0.5(x_{26} - x_{25}),$$
$$Q_3 = 0.75x_{38} + 0.25x_{39} = x_{38} + 0.25(x_{39} - x_{38}).$$

以上方法适用于总体未分组的资料和单项式变量数列. 对于组距式变量数列,计算四分位数的基本原理与中位数相类似,也需要分两步进行:

(1) 从变量数列的累计频数栏中找出第 $\dfrac{\sum f}{4}$、$\dfrac{\sum f}{2}$ 和 $\dfrac{3\sum f}{2}$ 个单位所在的组,即三个四分位数所在的组,这些组的上、下限分别规定了三个四分位数的可能取值范围.

(2) 假定在三个四分位数所在组中,有关单位是均匀分布的,则可以利用下面的公式计算四分位数的近似值

$$Q_1 = L_{Q_1} + \frac{\dfrac{\sum f}{4} - S_{Q_1-1}}{f_{Q_1}} d_{Q_1},$$

$$Q_2 = L_{Q_2} + \frac{\dfrac{\sum f}{2} - S_{Q_2-1}}{f_{Q_2}} d_{Q_2},$$

$$Q_3 = L_{Q_3} + \frac{\dfrac{3\sum f}{4} - S_{Q_3-1}}{f_{Q_3}} d_{Q_3},$$

式中,$S_{Q_i-1}(i = 1, 2, \cdots, n)$ 表示到第 i 个四分位所在组的前面一组为止的向上累计频数,d_{Q_i} 表示第 i 个四分位数所在组的组距.

第三节 统计数据整理

一、统计整理的概念

统计整理是指根据统计研究的目的和要求,对统计调查所取得的各项原始资料进行科学的分组和汇总,使之系统化、条理化的工作过程. 对已经整理过的资料进行再加工也属于统计整理. 例如,历史资料的整理、统计年鉴的编辑、次级资料(如各出版物公布的)的加工整理等. 统计整理是统计工作的第三阶段. 这个阶段是统计调查的继续,是统计分析

的前提,起到了承上启下的作用.

二、统计整理的程序和内容

(一) 统计整理的程序

统计整理的全过程包括设计统计整理方案,对统计资料的审核、分组、汇总和编表以及资料的保管几个环节.

1. 设计统计整理方案

统计整理方案是根据统计研究的目的和要求,事先对整理工作做出全面安排,制定出周密的工作计划.

2. 资料审核

对搜集到的资料进行全面审核,以确保统计资料准确无误.

3. 对资料进行分组和汇总

根据统计整理方案的要求,按已确定的分组体系和汇总方式对资料进行分组和汇总,得出反映各组和总体的各种指标.

4. 编制统计图表

通过统计图和统计表,将整理出的资料简洁明了、系统有序地表示出来,形成有条理的资料.

5. 统计资料的积累和保管

将整理好的统计资料加以汇编、保存并建立统计数据库,实现信息资源共享.

(二) 统计整理的内容

1. 统计资料的审核

一般来说,是从资料的准确性、完整性、及时性三个方面进行审核.其中,准确性是审核的重点,可采用逻辑检查和计算检查两种方法.逻辑检查主要是从定性的角度审核数据是否符合逻辑,内容是否合理,各项数字间有无相互矛盾的现象.例如,中学文化程度的人所填职业为大学教师,这是明显不符合逻辑的,应予以纠正.逻辑检查主要适用于对定类数据和定序数据的审核.计算检查是检查各项数据在计算结果和计算方法上有无错误.如各结构比例之和是否等于 100%,不同表格上的同一指标值是否相同等.计算检查适用于对定距数据和定比数据的审核.完整性审核主要是检查应调查的单位或个体是否有遗漏,所有的调查项目或指标是否填写齐全等.审核资料的及时性,是检查各调查单位是否按规定及时报送了资料,对于仍未报送资料的单位催促其尽快报送.

2. 进行统计分组

对全部的调查资料,按其性质和特点,划分为若干组.这是统计整理的关键问题.只有正确地分组,才能整理出有科学价值的综合指标,并借助这些指标来揭示现象的本质与规律.

3. 进行资料的汇总

这是统计整理的中心内容,是在统计分组的基础上,计算出各组和总体的单位数,计算分组标志总量和总体的标志总量.

4. 编制统计表或统计图

统计表或统计图是统计整理的结果,可以将整理好的统计资料清晰地显示出来.

三、统计分组

(一) 统计分组的概念和种类

1. 统计分组的概念

统计分组是根据统计研究的目的和客观现象的内在特点,按某个标志(或几个标志)把被研究对象的总体划分为若干个不同性质的组.

统计分组要遵循穷尽原则和互斥原则.穷尽原则是指在所做的全部分组中,必须保证每一个单位或个体都能归属于某一组,不能有所遗漏;互斥原则是指每一个单位或个体只能归属于某一组,不能在其他组中重复出现.例如,某商场把服装分为男装、女装和童装,很明显,这种分组方法不符合统计分组的互斥原则,正确的分组方法是把服装分为成年装和儿童装.

2. 统计分组的种类

统计分组的种类是按照分组时所采用分组标志的性质和分组标志的多少来划分的.

(1) 按分组标志的性质不同,可分为品质分组和数量分组.品质分组就是按品质标志进行分组,一般来说,对于定类数据可采用品质分组.例如,银行存款可以按照存款期限分为活期存款、定期存款、通知存款.数量分组就是按数量标志进行分组.例如,企业职工按工龄进行分组,人口按年龄分组,学生按成绩分组等.

(2) 按分组标志的多少,可分为简单分组、复合分组、体系分组.

简单分组就是对被研究对象总体只按一个标志进行分组,它只能反映现象在某一个标志特征方面的差异情况.例如,人口按性别分组后,只能说明总体中男性人口数和女性人口数各是多少,而不能说明在男性人口数中各年龄段的人数有多少,或女性人口数中各年龄段的人数有多少.

复合分组就是对同一总体用两个或两个以上标志层叠起来进行分组.复合分组的方法是:先按一个标志分组;然后在第一次分组的基础上,按第二个标志分组;依次类推,直至分组的最后一层为止.例如,为了认识我国高等院校在校学生的基本状况,可以同时选择学科、学制、性别等三个标志进行复合分组,得到如下分组层次:

理科学生组

　　本科学生组

　　　　男学生组

　　　　女学生组

　　专科学生组

　　　　男学生组

　　　　女学生组

文科学生组

　　本科学生组

　　　　男学生组

　　　　女学生组

　　专科学生组

　　　　男学生组

　　　　女学生组

体系分组就是根据统计分析的要求，通过对同一总体进行多种不同分组而形成的一种相互联系、相互补充，能从总体在各种特殊性质意义上的量来加深对社会经济现象总体数量表现的认识的体系。体系分组是对同一总体选择两个或两个以上的标志分别进行简单分组，然后并列在一起形成平行分组体系。例如，为了认识人口总体的自然构成，可以分别选择性别、民族、文化程度等三个分组标志进行分组，得到如下分组体系：

- 按性别分组

男性、女性。

- 按民族分组

汉族、回族、苗族、藏族……

- 按文化程度分组

文盲或半文盲、小学毕业、初中毕业、高中毕业、大学及大学以上。

（二）统计分组的方法

统计分组的关键在于分组标志的选择和划分各组的界限。

1. 分组标志的选择

分组标志的选择是统计分组的核心问题，它是将总体区分为各个性质不同的组的标准或依据。选择分组标志的原则是：结合一定的历史条件或经济条件，根据统计研究的目的和任务，选择那些最能反映现象本质特征的标志作为分组标志。

2. 选择分组的种类

分组标志确定之后，必须解决分组组数和各组界限的划分，即分组的具体方法问题。根据分组标志的特征不同，统计总体可以按品质标志分组，也可以按数量标志分组。

按品质标志分组，就是选择反映事物属性差异的品质标志作为分组标志，并在品质标志的变异范围内划定各组界限，将总体划分成为若干个性质不同的组成部分。例如，人口按性别可分为男性、女性两组。

按数量标志分组，就是选择反映事物数量差异的数量标志为分组标志，并在数量标志的变异范围内划定各组界限，将总体划分为性质不同的若干组成部分。

（1）单项式分组与组距式分组。

如果变量值较少，可以将每个变量值单列一组，这种分组称为单项式分组。例如，家庭按子女数分组可分为0人、1人、2人、3人等。单项式分组适用于离散型变量且变量变动范围不大的场合。

如果变量的变异较大，则可以把变量的整个取值范围依次划分为若干个区间，区间内的所有变量值归为一组。区间的最大值称为上限，最小值称为下限，上限与下限之差为组距，即组距＝上限－下限。这样的分组称为组距式分组。对于连续型变量或变动范围较大的离散型变量，一般采用组距式分组。

（2）等距分组与异距分组。

按总体内各组组距是否完全相等，数量标志分组又可以分为等距式分组与异距式分组。等距式分组适用于总体各单位的变量值由小到大呈现均匀变化的情况。异距式分组则适用于总体各单位的变量值由小到大呈现不均匀变化的情况。

（3）间断组距式分组与连续组距式分组.

在组距式分组中,相邻两组的界限称为组限.凡是组限不相连的,称为间断组距式分组,这种分组方法主要适用于离散型变量.凡是组限相重叠的,称为连续组距式分组,这种分组方法多用于连续型变量,离散型变量也可使用连续组距式分组.在连续组距式分组中会出现以同一个数值作为相邻两组共同组限的情况,为明确该数值究竟应归属于何组,在统计中规定各组一般均只包括本组下限变量值而不包括本组上限变量值,即"上限不在内"的原则.如,学生按成绩分组,应把 70 分的学生归入 70—80 分的组内,而不应归入 60—70 分的学生组内.

3. 划分分组界限

按品质标志分组,是根据事物的性质划分界限.目前我国实践中制定和实施了几种最重要的、基础性的国家分类标准.

按数量标志分组,是根据事物的数量变动来判断事物性质上的差异,注意客观界限.

第四节　频数分布

一、频数分布的概念

在统计分组的基础上,将总体中的所有单位按组归类整理,形成总体中各个单位数在各组间的分布,就叫做频数分布.它由两个要素组成:一个是总体按某标志所分的组别;一个是与各组对应的总体单位数,即频数或次数.各组次数与总次数之比称为频率.将各组组别与次数依次编排而成的数列就叫做频数分布数列,简称分布数列.有时也可把频率列入分布数列中.分布数列可以反映总体中所有单位在各组间的分布状态和分布特征,研究这种分布特征是统计分析的一项重要内容.

二、分布数列的种类

由于分组是频数分布的基础,因此有怎样的分组就形成怎样的频数分布.综合上述各种分组,频数分布的类型可归纳如图 1-1 所示:

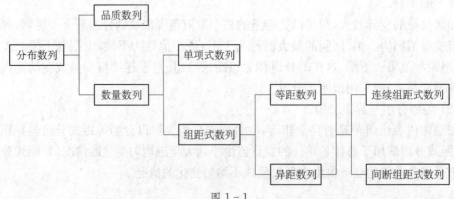

图 1-1

根据分组标志特征的不同,分布数列可以分为属性分布数列与数量分布数列两种.

按品质标志分组形成的分布数列称为属性分布数列,简称品质数列.例如,我国第五次人口普查中,将全国人口按性别标志分组,可编制如表1-9所示的品质分布数列.

表1-9　　　　　　　　　　我国第五次人口普查人口的性别构成

性别	人数(万人)	比率(%)
男性	65 355	51.63
女性	61 228	48.37
合计	126 583	100.00

对于品质数列来说,如果分组标志选择得好,分组标准定得恰当,则事物性质的差异表现得比较明确,总体中各组如何划分的问题比较容易解决.因而品质分布数列一般也较稳定,通常均能准确地反映总体的分布特征.

按数量标志分组形成的分布数列称为变量分布数列,简称变量数列.

对于变量数列来讲,因为事物性质的差异表现得不甚明确,决定事物性质的数量界限往往因人的主观认识而异,因此按同一数量标志分组有可能出现多种分布数列.为了使变量数列能比较准确地反映总体的分布特征,除了按照前面讲到的按数量标志分组的原理进行分组外,还需要从次数分布特征的角度,对变量数列中几个特有的问题加以讨论.

三、变量数列的编制

变量数列由各组变量值(x)和各组次数或频率$(f$或$f/\sum f)$构成.变量数列的编制可按如下步骤进行:

(一) 确定变量数列的形式

根据变量的性质及特点,选择不同类型的变量数列(单项式、组距式、等距式、异距式、连续式、不连续式).若为单项式数列,则不存在组距的问题,此时,组数等于数量标志所包含的变量值的数目.如某工厂按工人日加工零件的个数进行分组,可编制如表1-10所示的单项式数列.

表1-10　　　　　　　　　　某工厂工人日加工零件个数

日加工零件个数	工人数(人)	比率(%)
138	42	21
145	56	28
151	54	27
160	48	24
合计	200	100

然而,当所包括的变量值较多时,单项式数列显得十分繁琐,难以反映总体内不同性

质组成部分的分布特征,这就有必要编制组距数列.

(二) 排序

将变量值按顺序排列,并计算全距(R).

$$全距(R) = 最大变量值(max) - 最小变量值(min).$$

(三) 确定组距和组数

对于等距数列,组数(K)、组距(I)、全距(R)三者之间的关系是:组距＝全距(R)/组数(K).

组数和组距是此消彼长的关系.若组数过多,则组距太小,要避免将相同性质的单位分到不同组中去;反应,若组数过少,则组距太大,要避免将不同性质的单位分到同一组中去.对于不同的总体和资料,既可先确定组数,也可先确定组距.若先确定组数,则组距＝全距/组数;若先确定组距,则组数＝全距/组距.如何确定组数,美国学者 Sturges 提出了一个经验公式:

$$K = 1 + \lg n / \lg 2.$$

其中,n 为总体单位数.

组距数列根据组距是否相等可分为等距数列和异距数列.等距数列适用于总体分布比较均匀的情况.而在社会经济统计总体中,总有一部分现象性质差异的变动并不均衡,这时很难用等组距的办法近似地区分性质不同的组,在这种情况下可采用异距分组.例如,进行人口疾病研究的年龄分组,应采用异距分组:1 岁以下按月分组;1～10 岁按年分组;11～20 岁按 5 年分组;21 岁以上按 10 年分组等.

确定组距应遵循以下几点:

(1)保证组内资料的同质性.如按计划完成程度分组,若将 95％～100％归为一组,即把完成计划的与未完成计划的归入一组,则明显违背了同质性的原则.

(2)尽量使用等距分组.不能使用等距分组时,采用异距分组.

(3)研究目的不同,对同一总体的分组可采用不同的组距.例如,研究某地选民分布时,可分为 18 岁以下和 18 岁以上两组;研究人口各年龄段发病率时,可分为儿童组(0～14 岁)、少年组(15～17 岁)和成人组(18 岁以上).

(四) 划分组限

当组距、组数确定后,只需划定各组数量界限便可出组距数列.组限即各组的界限,每个组包括上限和下限.下限是每组的起始值,上限是每组的终点值.在分组时要求第一组的下限略小于或等于最小变量值,而最后一组的上限要略大于或等于最大变量值.组中值是各组下限与上限的中点数值,计算公式为:

$$组中值 = (上限 + 下限)/2.$$

组限有两种表现形式,即闭口组和开口组.闭口组是指上限与下限均存在的组,开口组是指只有上限没有下限(用"××以下"表示)或只有下限没有上限(用"××以上"表示)的组.在编制分布数列时,通常采用闭口组的形式.但若资料中存在极端值时,为了避免出现"空白组",这时可采用开口组.计算开口组的组中值时,一般用相邻组的组距作为该开

口组的组距,计算公式为:

上开口组(只有下限没有上限):组中值 = 本组下限 + 邻组组距 /2,

下开口组(只有上限没有下限):组中值 = 本组上限 － 邻组组距 /2.

组距编制出来后,进一步的计算与分析均以各组的组中值为代表值,而不关心各组内的原始数据是什么.用组中值来代表组内变量值的一般水平有一个必要的前提:各单位的变量值在本组范围内呈均匀分布或在组中值两侧呈对称分布.但要想完全具备这一条件,实际上是不可能的.因此在划分各组组限时,必须考虑使各组内变量值的分布尽可能满足这一要求,以减少用组中值代表各组变量值的一般水平时所造成的误差.

(五)计算各组次数

次数是分布在各组中的总体单位的个数,如果用相对数形式表示即为比率.比率是一种结构相对数,各组比率之和应等于 1 或 100%.各组次数或比率的大小意味着相应的变量值在决定总体数量表现中所起的作用不同.次数或比率大的组,其变量值在决定总体数量表现中的作用就大;反之就小.

四、累计频数与累计频率

累计频数(频率)可分为:向上累计频数(频率)和向下累计频数(频率)两种.向上累计频数(频率)是将各组次数(比率)由变量值低的组向变量值高的组累计,各累计数的意义是各组上限以下的累计次数或累计比率;向下累计频数(频率)是将各组次数和比率变量值高的组向变量值低的组累计,各累计数的意义是各组下限以上的累计比率.

五、频数分布的类型

常见的频数分布有三种类型:钟形分布、J 形分布、U 形分布.

(一)钟形分布

钟形分布的特征是"两头小、中间大",即靠近中间的变量值分布的次数多,靠两端的变量值分布的次数少.绘成曲线图,宛如一口古钟.钟形分布具体可分为对称分布和非对称分布.

对称分布的特征是中间变量值分布的次数最多,两侧变量值分布的次数随着与中间变量值距离的增大而渐次减少,并且围绕中心变量值两侧呈对称分布.对称分布中的正态分布最为重要,许多社会经济现象统计总体的分布都趋近于正态分布.例如,农业平均亩产量的分布、零件误差的分布、商品市场价格的分布等.正态分布在社会经济统计学中具有重要意义.

在非对称分布中,又可分为正偏(右偏)分布和负偏(左偏)分布.

(二)J 形分布

J 形分布有两种类型.正 J 形分布是次数随着变量值的增大而增多,绘成曲线图,犹如英文字母"J"字.反 J 形分布是次数随着变量值的增大而减少,绘成曲线图,犹如反写的英文字母"J"字.在社会经济现象中,有一些统计总体呈 J 形分布.例如供给曲线,随着价格的提高,供给量以更快的速度增加,呈现为正 J 形;而需求曲线则表现为随价格的提高需求量以较快的速度减少,为反 J 形.

(三)U 形分布

与钟形分布恰恰相反,U 形分布的特征是:靠近两端的变量值分布的次数多,靠近中间的变量值分布的次数少,形成"两头高、中间低"的分布特征.绘成曲线图,像英文字母"U"字.有些社会经济现象的分布表现为 U 形分布,例如,人口死亡率分布.由于人口总体中幼儿死亡人数和老年死亡人数均较高,而中年死亡人数最低,因而按年龄分组的人口死亡率便表现为 U 形分布.

第五节　数据显示

统计表和统计图是显示统计数据的两种方式.正确地使用统计表和统计图,是做好统计分析的最基本技能.

一、统计表

(一)统计表的概念和结构

统计调查所取得的原始资料,经过整理后,将数字资料填写在表格内,就形成了一张统计表.统计表的优点在于它可以把杂乱的数据有条理地整理在一张简明的表格内,使统计资料系统化、条理化.

从统计表的形式上看,可由总标题、横行标题、纵栏标题和指标数值四部分组成.此外,有些统计表在表下还增列补充资料、注解、附记、资料来源、某些指标的计算方法、填表单位、填表人员以及填表日期等.总标题是表的名称,用以概括统计表中全部统计资料的内容,一般写在表的上端中部.横行标题是横行的名称,通常用来表示各组的名称,它代表统计表所要说明的对象,一般写在表的左方.纵栏标题是纵栏的名称,用来表示统计指标的名称,一般写在表的上方.指标数值列在各横行标题与各纵栏标题的交叉处.统计表中任何一个数字的内容均由横行标题和纵栏标题所限定,如表 1-11 所示.

表 1-11　　　　　　　　　　部分国家国内生产总值及增长率

国家	国内生产总值(亿美元)	国内生产总值增长率(%)
中国	44 016	9.05
美国	142 646	1.11
英国	26 741	0.71
日本	49 238	−0.64
法国	28 657	0.72
德国	36 675	1.29

统计表按其内容,可分为两部分:一部分是统计表所要说明的总体,它可以是各个总体单位的名称、总体的各个组,或者是总体单位的全部,这一部分习惯上称为主词;另一部分则是说明总体的统计指标,包括指标名称和指标数值,这一部分习惯上称为宾词.

(二)统计表的分类

1. 统计表根据主词是否分组以及分组程度不同分为以下三种

(1)简单表.它是指主词未作任何分组而形成的统计表.可以有两种形式:一是按总体单位名称排列的统计表;二是按时间顺序排列的统计表,如表1-12所示.

表1-12　　　　　　　　我国2005—2008年国内生产总值

年份	国内生产总值(亿元)
2005	183 217.4
2006	211 923.5
2007	257 305.6
2008	300 670.0

(2)简单分组表.它是指主词仅按一个标志分组而形成的统计表.如表1-13所示就是某市某年就业人口按产业分组的简单分组表.

表1-13　　　　　　　　某市某年就业人口分布表

按产业分组	总人口	
	人数(万人)	比重(%)
第一产业	400	26.7
第二产业	600	40.0
第三产业	500	33.3
合计	1500	100.0

(3)复合分组表.它是指主词按两个或两个以上的标志进行并列式或层叠式分组而形成的统计表.如表1-14所示,即为主词按企业的经济类型和规模两个标志进行层叠式分组.

表1-14　　　　　　　　某地区某年工业总产值和职工人数

项目		产值(万元)	职工人数(人)
国有经济	大型	9750	13 600
	中型	8500	45 000
	小型	4300	10 050
集体经济	大型	7300	7500
	中型	5400	10 400
	小型	4600	4500

续表

项目		产值（万元）	职工人数（人）
外商投资经济	大型	7000	9260
	中型	5950	8130
	小型	4500	4890
其他经济类型	大型	5810	7380
	中型	4320	8040
	小型	3180	4110

2. 统计表按宾词设计的不同又可分为以下两种

（1）宾词简单排列. 它是宾词不加任何分组，按一定顺序排列在统计表上，如表 1-15 所示.

表 1-15　　　　　　　　　　　全国四大直辖市主要经济指标

地区	地区生产总值（亿元）	第三产业构成（%）	工业总产值（亿元）	全社会固定资产投资（亿元）	税收收入（万元）
北京	10 488.03	73.2	10 413.09	3814.7	17 755 757
天津	6354.38	37.9	12 503.25	3389.8	5 462 605
上海	13 698.15	53.7	25 120.92	4823.1	22 234 284
重庆	5096.66	41.0	5755.90	3979.6	3 602 925
合计	35 637.22	—	53 793.16	16 007.2	49 055 571

（2）宾词分组平行排列. 它是宾词栏中各分组标志彼此分开、平行排列，如表 1-16 所示.

表 1-16　　　　　　　　　　我国直辖市社会消费品零售总额　　　　　　　　单位：亿元

地区	按销售单位所在地分			按行业分		
	市	县	县以下	批发和零售	住宿和餐饮业	其他行业
北京	4000.3	38.1	550.6	4044.4	504.9	39.7
天津	1882.1	67.1	51.1	1690.4	305.4	4.5
上海	4004.5	30.2	502.4	3853.1	669.5	14.5
重庆	1266.1	269.7	528.3	1724.2	295.1	44.8

（三）统计表的设计

统计表的设计应符合科学、实用、简练、美观、便于比较的要求. 具体应注意以下几点：

1. 统计表格式设计应注意事项

（1）统计表的上下端应以粗线绘制，表内纵线以细线绘制，一般不划横线，但合计栏需划横线. 表格的左右两端不划线，采用"开口式".

（2）统计表如果栏数较多，应当按顺序编号，习惯上主词栏部分以"甲、乙、丙、丁……"为序号，宾词栏以"（1）、（2）、（3）、（4）……"表中的数据为序号.

（3）表中的数据一般为右对齐，有小数点时应以小数点对齐，且小数点的位数应统一.

2. 统计表内容设计应注意事项

（1）统计表的总标题、横行、纵栏标题应简明扼要，用简练确切的文字概括出统计资料的内容、资料所属的时间和空间范围.

（2）必须注明数据的计量单位. 若表中的全部数据都是同一计量单位，可放在表的右上角标明，若各指标的计量单位不同，可在横行标题后添加一列计量单位.

（3）统计表中缺某项数字资料时，可用"…"表示，不应有数字时用"—"表示.

（4）在统计表下方应注明资料来源，必要时可在表的下方加上注释.

二、统计图

统计图是以图形表现统计资料的一种形式. 常用的统计图形有条形图、饼形图、直方图、茎叶图、折线图. 对于不同类型的数据，所采用的统计图形是不一样的.

（一）定类、定序数据的图示

对定类数据，通常可以用条形图和饼形图来反映统计资料.

1. 条形图

条形图是用宽度相同的条形的长短来表示数据变动的图形. 在表示定类数据分布时，用条形图的长短来表示各类别数据的频数或频率. 绘图时，各类别可放在纵轴.

2. 饼形图

饼形图是用圆形及圆内扇形面积来表示数值大小的图形. 饼形图多用于表示总体内各部分所占的比例，对于结构性问题十分有用. 绘图时，总体内各部分所占的百分比用圆内各扇形面积表示，扇形的中心角度是按各部分百分比占360°的相应比例确定的.

（二）定距、定比数据的图示

对于定距及定比数据，除了饼形图，可通过直方图、茎叶图、折线图显示数据.

1. 直方图

直方图是用矩形的宽度和高度来表示频数分布的图形. 绘制直方图时，横轴表示各组组限，纵轴表示频数或频率.

直方图与条形图不同. 条形图是用条形的长度表示各类别的频数，其宽度是固定的；直方图是用面积表示各组频数的多少，矩形的高度表示每一组的频数或频率，宽度表示各组的组距，因此其高度和宽度均有意义. 由于分组数据具有连续性，因此直方图的各矩形是连续排列的，而条形图则是分开排列的.

2. 折线图

在直方图的基础上,把直方图顶部的中点(即组中值)用直线连接起来,再把原来的直方图抹掉就是折线图.需要注意的是,折线图的两个终点要与横轴相交,具体做法是将直方图第一个矩形的顶部中点通过竖边中点(即该组频数一半的位置)连接到横轴,最后一个矩形顶部中点与其竖边中点连接到横轴.这样才会使折线图下所围面积与直方图的面积相等,从而使二者所表示的频数分布一致.

3. 茎叶图

对于未分组的原始数据,可用茎叶图来显示其分布特征.茎叶图是由"茎"和"叶"两部分构成的,它的图形是由数字组成的."茎"在左,"叶"在右,"茎"、"叶"之间用小数点隔开.绘制茎叶图的关键是设计好"茎",通常以该组数据的高位数值作为"茎"."茎"确定之后,"叶"也随之确定.例如,数据101,它的"茎"为1(数据的百位数),"叶"为01."茎叶"的表达方式为:1.01.这样,就可以很容易地从"茎叶"表达方式1.01中推出其数值为101.

茎叶图的基本做法是:

(1) 依据数据的范围,确定"茎"的数字位和"叶"的数字位.确定"茎"时,要遵循"茎"必须有变化的原则,否则,若所有数据的"茎"均相同,就很难绘制茎叶图.

(2) 把所有的数据分成"茎"和"叶"两部分.

(3) 将数据中的"茎"从小到大、从上至下纵向排列,并在"茎"后标出小数点,小数点纵向对齐.

(4) 依次把数据中所有"茎"相同的数据取出来,把这些"叶"按照从小到大的顺序,写在"茎"后小数点的右边,从左到右横向排列.

习题一

1. 统计数据可分为哪几种类型? 不同类型的数据各有什么特点?

重点调查中的重点单位的含义是什么? 重点调查有何特点?

典型调查的特点和作用是什么?

什么是统计调查误差? 产生误差的原因有哪些?

调查对象、调查单位和填报单位的关系如何?

统计调查方案包括哪几方面的内容?

2. 统计表由哪几个部分组成? 制作统计表时应注意哪些问题?

3. 对50只灯泡的耐用时数进行测试,所得数据如下:(单位:小时)

886	928	999	946	950	864	1050	927	949	852
1027	928	978	816	1000	918	1040	854	1100	900
866	905	954	890	1006	926	900	999	886	1120
893	900	800	938	864	919	863	981	916	818
946	926	895	967	921	978	821	924	651	850

要求:

（1）根据上述资料编制次数分布数列，并计算向上累计和向下累计的频数和频率.

（2）根据所编制的次数分布数列，绘制直方图、折线图.

（3）根据图形说明灯泡耐用时数的分布属于何种类型.

4. 某服装厂某月每日的服装产量如下表所示：

某服装厂×月×日服装产量表

日期	产量(套)	日期	产量(套)	日期	产量(套)
1	38	11	90	21	休假
2	210	12	95	22	112
3	105	13	140	23	230
4	130	14	休假	24	170
5	140	15	165	25	205
6	110	16	182	26	125
7	休假	17	120	27	115
8	100	18	150	28	休假
9	160	19	155	29	135
10	180	20	98	30	108

将表中资料编制成组距式分配数列，用两种方式分组，各分为五组，比较那一种分组比较合理.

第二章

样本及抽样分布

之前我们研究了概率论的基本内容,从中得知:概率论是研究随机现象统计规律性的一门数学分支.它是从一个数学模型出发(比如随机变量的分布)去研究它的性质和统计规律性;而我们下面将要研究的数理统计,也是研究大量随机现象的统计规律性,并且是应用十分广泛的一门数学分支.所不同的是数理统计是以概率论为理论基础,利用观测随机现象所得到的数据来选择、构造数学模型(即研究随机现象).其研究方法是归纳法(部分到整体).对研究对象的客观规律性做出种种合理性的估计、判断和预测,为决策者和决策行动提供理论依据和建议.数理统计的内容很丰富,这里我们主要介绍数理统计的基本概念,重点研究参数估计和假设检验.

第一节　随机样本

一、总体与样本

(一)总体、个体

在数理统计学中,我们把所研究的全部元素组成的集合称为总体;而把组成总体的每个元素称为个体.

例如,在研究某批灯泡的平均寿命时,该批灯泡的寿命的全体就组成了总体,而其中每个灯泡的寿命就是个体;在研究我校男大学生的身高和体重的分布情况时,该校的全体男大学生的身高和体重组成了总体,而每个男大学生的身高和体重就是个体.

但对于具体问题,由于我们关心的不是每个个体的种种具体特性,而仅仅是它的某一项或几项数量指标 X(可以是向量)和该数量指标 X 在总体的分布情况.在上述例子中 X 是表示灯泡的寿命或男大学生的身高和体重.在试验中,抽取了若干个个体就观察到了 X 的这样或那样的数值,因而这个数量指标 X 是一个随机变量(或向量),而 X 的分布就完全描写了总体中我们所关心的那个数量指标的分布状况.由于我们关心的正是这个数量指标,因此我们以后就把总体和**数量指标 X 可能取值的全体组成的集合**等同起来.

定义 2.1 把研究对象的全体(通常为数量指标 X 可能取值的全体组成的集合)称为**总体**;总体中的每个元素称为**个体**.

我们对总体的研究,就是对相应的随机变量 X 的分布的研究,所谓总体的分布也就是数量指标 X 的分布,因此,X 的分布函数和数字特征分别称为总体的分布函数和数字特征.今后将不区分总体与相应的随机变量,笼统称为总体 X.根据总体中所包括个体的总数,将总体分为:有限总体和无限总体.

例如,考察一块试验田中小麦穗的重量:$X =$ 所有小麦穗重量的全体(无限总体);个体 — 每个麦穗的重量 x,对应的分布:

$$F(x) = P\{X \leqslant x\} = \frac{\text{重量} \leqslant x \text{的麦穗数}}{\text{总麦穗数}}$$

$$= \frac{1}{\sqrt{2\pi}\sigma}\int_{-\infty}^{x} \mathrm{e}^{\frac{(t-\mu)^2}{2\sigma^2}} \, dt \sim N(\mu, \sigma^2), 0 < x < +\infty.$$

再比如要考察一位射手的射击情况:$X =$ 此射手反复地无限次射击结果全体;每次射击结果都是一个个体(对应于靶上的一点),个体数量化 $x = \begin{cases} 1, \text{射中}, \\ 0, \text{未中}. \end{cases}$ 1 在总体中的比例 p 为命中率,0 在总体中的比例 $1-p$ 为非命中率.

总体 X 由无数个 0、1 构成,其分布为两点分布 $B(1, p)$,即

$$P\{X = 1\} = p, P\{X = 0\} = 1 - p.$$

(二) 样本与样本空间

为了对总体的分布进行各种研究,就必须对总体进行抽样观察.

定义 2.2 从总体中抽得的一部分个体组成的集合称为**子样**(sample)(**样本**),取得的个体叫样品,样本中样品的个数称为**样本容量**(sample size)(也叫样本量).每个样品的测试值叫观察值.取得子样的过程叫**抽样**(sampling).

样本的双重含义:

(1) 随机性:用 n 维随机向量 $(X_1, X_2, \cdots, X_n)$ 表示,X_i 表示第 i 个被抽到的个体,是随机变量($i = 1, 2, \cdots, n$);

(2) 确定性:$(x_1, x_2, \cdots, x_n)$ 表示 n 个实数,即是每个样品 X_i 观测值 x_i($i = 1, 2, \cdots, n$).

一般地,我们都是从总体中抽取一部分个体进行观察,然后根据观察所得数据来推断总体的性质.按照一定规则从总体 X 中抽取的一组个体 $(X_1, X_2, \cdots, X_n)$ 称为总体的一个样本,显然,样本为一随机向量.

为了能更多更好地得到总体的信息,需要进行多次重复、独立的抽样观察(一般进行 n 次),若对抽样要求①**代表性**:每个个体被抽到的机会一样,保证了 $X_1, X_2, \cdots, X_n$ 的分布相同,与总体一样.②**独立性**:$X_1, X_2, \cdots, X_n$ 相互独立.那么,符合"代表性"和"独立性"要求的样本 $(X_1, X_2, \cdots, X_n)$ 称为简单随机样本.易知,对有限总体而言,有放回的随机样本为简单随机样本,无放回的抽样不能保证 $X_1, X_2, \cdots, X_n$ 的独立性;但对无限总体而言,无放回随机抽样也可得到简单随机样本,我们本书则主要研究**简单随机样本**.

对每一次观察都得到一组数据 $(x_1, x_2, \cdots, x_n)$,由于抽样是随机的,所以观察值 $(x_1, x_2, \cdots, x_n)$ 也是随机的.为此,给出如下定义:

定义 2.3 设总体 X 的分布函数为 $F(x)$,若 $X_1, X_2, \cdots, X_n$ 是具有同一分布函数 $F(x)$ 的相互独立的随机变量,则称 $(X_1, X_2, \cdots, X_n)$ 为从总体 X 中得到的容量为 n 的简单随机样本,简称样本.把它们的观察值 $(x_1, x_2, \cdots, x_n)$ 称为样本值.

由定义知,简单随机样本是通过下述抽样方式而抽取的:

① 总体的每一个体有同等机会被选入样本.

② 样本的分量 X_1, X_2, …, X_n 是相互独立的随机的变量,即样本的每一个分量有什么观测结果并不影响其他分量有什么观测结果.

例1. 在甲、乙、丙、丁四只晶体管中,任抽两只构成一个样本,则简单随机抽样的可使所有两只晶体管一组的机会相等,即

$$P(甲乙) = P(甲丙) = P(甲丁) = P(乙丙) = P(乙丁) = P(丙丁) = 1/6.$$

每只晶体管在容量为 2 的样本中都有均等的机会被抽到,即

$$P(甲) = P(乙) = P(丙) = P(丁) = 1/2.$$

定义 2.4 把样本 $(X_1, X_2, …, X_n)$ 的所有可能取值构成的集合称为**样本空间**,显然一个样本值 $(x_1, x_2, …, x_n)$ 是样本空间的一个点.

二、样本的分布

设总体 X 的分布函数为 $F(x)$,$(X_1, X_2, …, X_n)$ 是 X 的一个样本,则其联合分布函数为:

$$F(x_1, x_2, …, x_n) = P\{X_1 \leqslant x_1, X_2 \leqslant x_2, …, X_n \leqslant x_n\}$$
$$= \prod_{i=1}^{n} P\{X_i \leqslant x_i\} = \prod_{i=1}^{n} F(x_i).$$

例2. 设总体 $X \sim B(1, p)$,$(X_1, X_2, …, X_n)$ 为其一个简单随机样本,因为

$$P\{X = x\} = p^x \cdot (1-p)^{1-x}, \ x = 0, 1.$$

所以样本的联合分布列为:

$$P\{X_1 = x_1, X_2 = x_2, …, X_n = x_n\} = P\{X_1 = x_1\}P\{X_2 = x_2\}…P\{X_n = x_n\}$$
$$= p^{x_1}(1-p)^{1-x_1} \cdot p^{x_2}(1-p)^{1-x_2}…p^{x_n}(1-p)^{1-x_n},$$
$$x_i = 0, 1, \ i = 1, 2, …, n.$$

第二节 分布函数与概率密度函数的近似解

在概率论中,我们介绍了几种常用的分布函数以及它们的性质,当时我们总假定它们都是先给定的,而在实际中,所遇到的用于描述随机现象的随机变量,事先并不知道其分布函数,甚至连其分布类型也一无所知,那么,怎么样才能确定它的分布函数 $F(x)$ 呢?

一般地,利用样本及样本值,建立一定的概率模型,用由此获得的概率统计信息来对总体 X 的 $F(x)$ 进行估计和推断,这就是:

一、经验分布函数

1. 定义 2.5 设 $(x_1, x_2, …, x_n)$ 是来自总体 X 的一组样本观测值. 将它们按由小到

大排序为：$x_1^* \leqslant x_2^* \leqslant \cdots \leqslant x_n^*$，对任意的实数 x，定义函数：

$$F_n^*(x) = \begin{cases} 0, & x < x_1^*, \\ \dfrac{k}{n}, & x_k^* \leqslant x < x_{k+1}^*, k = 1, 2, \cdots, n-1, \\ 1, & x_n^* < x. \end{cases}$$

则称 $F_n^*(x)$ 为总体 X 的**经验分布函数**(empirical distribution function)**或样本分布函数**(sample distribution function).

显然 $F_n(x)$ 是一非减右连续函数，且满足

$$F_n(-\infty) = 0 \text{ 和 } F_n(+\infty) = 1.$$

如果把 n 个观测值看作 n 次独立试验结果，那么

$$P\{X = x_i\} = \frac{1}{n}, i = 1, 2, \cdots, n.$$

如果 $x_k^* \leqslant x < x_{k+1}^*$，那么不大于 x 的观测值的频率为 $\dfrac{k}{n}$，因而，函数 $F_n^*(x)$ 等于在 n 次重复独立试验中，事件 $\{X \leqslant x\}$ 的频率.

由经验分布函数的定义知，对于 x 的每一数值而言，经验分布函数 $F_n^*(x)$ 样本 X_1，X_2，$\cdots$，X_n 的函数，它是一个随机变量，其可能取值为 0，$\dfrac{1}{n}$，$\cdots$，$\dfrac{n-1}{n}$，1. 因此事件 $\left\{F_n(x) = \dfrac{k}{n}\right\}$ 发生的概率等价于 n 重复的贝努利试验中事件 $\{X \leqslant x\}$ 发生 k 次其余 $n - k$ 次不发生的概率，即有：

$$P\left\{F_n^*(x) = \frac{k}{n}\right\} = C_n^k [F(x)]^k [1 - F(x)]^{n-k},$$

其中 $F(x) = P\{X \leqslant x\}$，它为总体 X 的分布函数.

对于每一固定的 x，$F_n(x)$ 是事件 $\{X \leqslant x\}$ 发生的频率，当 n 固定时，这是一个随机变量. 根据 Bernoulli 大数定理，只要 n 足够大，$F_n(x)$ 依概率收敛于总体分布函数 $F(x)$. 事实上，还可以有更进一步的结论，这就是格里汶科定理，即：

2. 定理(Glivenko - 定理)：设总体 X 的分布函数、经验分布函数分别为 $F(x)$、$F_n^*(x)$，则有：

$$P\{\lim_{n \to \infty} \underset{-\infty < x < +\infty}{\text{Sup}} |F_n^*(x) - F(X)| = 0\} = 1.$$

上式表明，当 $n \to \infty$ 时，$F_n^*(x)$ 以概率为 1 的均匀地趋于 $F(x)$.

定理表明，$F_n(x)$ 以概率为 1 一致收敛于 $F(x)$，即可以用 $F_n(x)$ 来近似 $F(x)$，这也是**利用样本来估计和判断总体的基本理论和依据**.

例3. 某厂从一批荧光灯中抽出 10 个，测其寿命的数据(单位：千时)如下：

95.5　18.1　13.1　26.5　31.7　33.8　8.7　15.0　48.8　48.3

求该批荧光灯寿命的经验分布函数 $F_n(x)$ (观察值).

解： 将数据由小到大排列得：

8.7，13.1，15.0，18.1，26.5，31.7，33.8，48.8，49.3，95.5，

则经验分布函数为：

$$F_n(x) = \begin{cases} 0, & x < 8.7, \\ 0.1, & 8.7 \leqslant x < 13.1, \\ 0.2, & 1.1 \leqslant x < 15.0, \\ 0.3, & 15.0 \leqslant x < 18.1, \\ 0.4, & 18.1 \leqslant x < 26.5, \\ 0.5, & 26.5 \leqslant x < 31.7, \\ 0.6, & 31.7 \leqslant x < 33.8, \\ 0.7, & 33.8 \leqslant x < 48.8, \\ 0.8, & 48.8 \leqslant x < 49.3, \\ 0.9, & 49.3 \leqslant x < 95.5, \\ 1, & x \geqslant 95.5. \end{cases}$$

二、利用直方图求密度函数的近似解

设 $(X_1, X_2, \cdots, X_n)$ 为来自总体 X 的一个样本，其样本观察值为 $(x_1, x_2, \cdots, x_n)$，将该组数值 $x_1, x_2, \cdots, x_n$ 分成 l 组，可作分点 $a_0, a_1, a_2, \cdots, a_l$（各组距可以不相等），则各组为 $(a_0, a_1], (a_1, a_2], \cdots, (a_{l-1}, a_l]$，若样本观察值中每个数值落在各组中的频数分别为 $m_1, m_2, m_3, \cdots, m_l$，则频率分别为 $\dfrac{m_1}{n}, \dfrac{m_2}{n}, \cdots, \dfrac{m_l}{n}$；以各组为底边，以相应组的频率除以组距为高，建立 l 个小矩形，即得总体 X 的直方图.

由上分析可知：直方图中每一矩形的面积等于相应组的频率.

设总体 X 的密度函数为 $f(x)$，则总体 X（真实值）落在第 k 组 $(a_{k-1}, a_k]$ 的概率为 $\displaystyle\int_{a_{k-1}}^{a_k} f(x)\mathrm{d}x$.

由 **Bernoulli** 大数定理可知：当 n 很大时，样本观察值（单个）落在该区间的频率趋近于此概率；即 $(a_{k-1}, a_k]$ 上矩形的面积接近于 $f(x)$ 在此区间上曲边梯形的面积，当 n 无限增大时，分组组距越来越小，直方图就越接近总体 X 的密度函数 $f(x)$ 的图像.（这与定积分的意义具有同样的道理）

第三节　统计量与样本的数字特征

随机变量的数字特征，能够反映随机事件的某些重要的概率特征，从第一节可知，样本也是一组随机变量（随机向量），为了详细地刻画样本观察值中所包含总体 X 的信息及

样本值的分布情况,下面我们研究样本的数字特征.

一、样本均值与样本方差(随机变量)

当获得了总体 X 的一组样本后,把样本所含的信息进行数学上的加工,即构造出统计量,从而去推断总体的某些特征.常用的统计量有表示位置特征的样本均值、中位数、众数和表示离散特征的样本方差、均方差和极差.首先我们引入统计量的概念.

定义 2.6 设 X_1,X_2,$\cdots$,X_n 为总体 X 的一个样本,$g(x_1,\cdots,x_n)$ 为一个连续函数,则称 $g(X_1,X_2,\cdots,X_n)$ 为**样本函数**(sample function);若 g 不包含任何未知数,则称统计量 $T=g(X_1,X_2,\cdots,X_n)$ 为一个**统计量**(statistic).

例 4. 设 $X\sim N(\mu,\sigma^2)$,μ 已知,σ^2 未知,(X_1,X_2,X_3) 为 X 的样本,则非统计量的有( ).

(A) X_1+X_2

(B) $X_1+X_2+X_3-\mu$

(C) $\dfrac{X_1-\mu}{\sigma}$

(D) $\dfrac{X_1^2+X_2^2+X_3^2}{\sigma}$

解:(C)、(D).

定义 2.7 设 $(X_1,X_2,\cdots,X_n)$ 是来自总体 X 的一个样本,称

$$\overline{X}=\frac{1}{n}\sum_{i=1}^{n}X_i$$

为**样本均值**(sample average or sample mean);称

$$S_n^2\overset{\Delta}{=}\frac{1}{n}\sum_{i=1}^{n}(X_i-\overline{X})^2\ \text{或}\ S^2\overset{\Delta}{=}\frac{1}{n-1}\sum_{i=1}^{n}(X_i-\overline{X})^2$$

为**样本方差**(sample variance);称

$$S_n=\sqrt{\frac{1}{n}\sum_{i=1}^{n}(X_i-\overline{X})^2}\ \text{或}\ S=\sqrt{\frac{1}{n-1}\sum_{i=1}^{n}(X_i-\overline{X})^2}$$

为**样本均方差**(sample standard deviation).

样本均值与样本方差分别刻划了**样本的位置特征及样本的分散性特征**.

二、矩

(一)总体矩(数值)

定义 2.8 设总体 X 的分布函数为 $F(x)$,则称 $m_k=E(X^k)$(假设它存在)为总体 X 的 k 阶原点矩;称 $\mu_k=E[(X-E(X))^k]$ 为总体 X 的 k 阶中心矩.

把总体的各阶中心矩和原点矩统称为总体矩——表示**总体 X 的数字特征**.

特别地:$m_1=E(X)$,$\mu_2=D(X)$ 分别是总体 X 的期望和方差.

仿此,下面给出样本矩的定义:

(二)样本矩(随机变量)

定义 2.9 设 $(X_1,X_2,\cdots,X_n)$ 是来自总体 X 的一个样本,则称

$$A_k \stackrel{\triangle}{=} \frac{1}{n} \sum_{i=1}^{n} X_i^k, \ k = 1, \ 2, \ 3, \ \cdots$$

为**样本 k 阶原点矩**(sample origin moments);称

$$B_k \stackrel{\triangle}{=} \frac{1}{n} \sum_{i=1}^{n} (X_i - \overline{X})^k, \ k = 1, \ 2, \ 3, \ \cdots$$

为**样本 k 阶中心矩**(sample central moments).

特别地,$A_1 = \overline{X}$,但 B_2 与 S^2 却不同,由 S^2 与 B_2 的计算式可知:$B_2 = \frac{n-1}{n} S^2$,当 $n \rightarrow \infty$ 时,$B_2 = S^2$,所以常利用 B_2 来计算 S(标准差).

注:$A_k \stackrel{p}{\longrightarrow} m_k (n \rightarrow \infty)$,$k = 1, \ 2, \ \cdots$,这就是下一章要介绍的矩估计的理论根据.

由上述定义可知:样本均值、样本方差、样本均方差、样本矩都是关于样本的函数,而样本本身又是随机变量.因此,上述关于**样本的数字特征**也是随机变量.

设 $(x_1, \ x_2, \ \cdots, \ x_n)$ 为样本 $(X_1, \ X_2, \ \cdots, \ X_n)$ 的观测值,则样本矩对应观测值分别为:

$$\overline{x} = \frac{1}{n} \sum_{i=1}^{n} x_i;$$

$$s^2 = \frac{1}{n-1} \sum_{i=1}^{n} (x_i - \overline{x})^2; \ s = \sqrt{s^2} = \sqrt{\frac{1}{n-1} \sum_{i=1}^{n} (x_i - \overline{x})^2};$$

$$a_k = \frac{1}{n} \sum_{i=1}^{n} x_i^k; \ b_k = \frac{1}{n} \sum_{i=1}^{n} (x_i - \overline{x})^k; \ k = 1, \ 2, \ 3, \ \cdots$$

在不至于混淆的情况下,这些值也分别称为样本均值、样本方差、样本标准差、样本 k 阶原点矩、样本 k 阶中心矩.

例 5. 从某班级的英语期末考试成绩中,随机抽取 10 名同学的成绩分别为:100,85,70,65,90,95,63,50,77,86.

(1) 试写出总体、样本、样本值、样本容量;

(2) 求样本均值、样本方差及二阶原点矩.

解:(1) 总体:该班级所有同学的英语期末考试成绩 X;

样本:$(X_1, \ X_2, \ X_3, \ \cdots, \ X_{10})$;

样本值:$(x_1, \ x_2, \ \cdots, \ x_n) = (100, \ 85, \ 70, \ 65, \ 90, \ 95, \ 63, \ 50, \ 77, \ 86)$;

样本容量:$n = 10$.

(2) $\overline{x} = \frac{1}{10} \sum_{i=1}^{n} x_i = \frac{1}{10}(100 + 85 + \cdots + 86) = 78.1$,

$$s^2 = \frac{1}{n-1} \sum_{i=1}^{n} (x_i - \overline{x})^2 = \frac{1}{9}[21.9^2 + 6.9^2 + \cdots + 7.9^2] = 252.5,$$

$$a_2 = \frac{1}{n} \sum_{i=1}^{n} x_i^2 = \frac{1}{10} \sum_{i=1}^{n} x_i^2 = \frac{1}{10}(100^2 + 85^2 + 70^2 + \cdots + 86^2) = 6326.9.$$

定义 2.10 设 $X_1, X_2, \cdots, X_n$ 和 $Y_1, Y_2, \cdots, Y_n$ 是两个样本，如下定义的统计量

$$S_{XY} = \frac{1}{n-1} \sum_{i=1}^{n} (X_i - \overline{X})(Y_i - \overline{Y})$$

称为 $X_1, X_2, \cdots, X_n$ 和 $Y_1, Y_2, \cdots, Y_n$ 的**样本协方差**(sample covariance)；统计量

$$\rho_{XY} = \frac{\sum_{i=1}^{n}(X_i - \overline{X})(Y_i - \overline{Y})}{\sqrt{\sum_{i=1}^{n}(X_i - \overline{X})^2 \sum_{i=1}^{n}(Y_i - \overline{Y})^2}}$$

称为**样本相关系数**(sample correlation coefficient).

定理 2.1 设总体 X 不论服从什么分布，只要其二阶矩存在，即 $E(X) = \mu$, $D(X) = \sigma^2$ 都存在，则

(1) $E(\overline{X}) = E(X) = \mu$；(2) $D(\overline{X}) = \frac{1}{n}D(X) = \frac{\sigma^2}{n}$；(3) $E(S^2) = D(X) = \sigma^2$.

证明:(1) 由于 $X_1, X_2, \cdots, X_n$ 独立同分布，所以

$$E(X_1) = E(X_2) = \cdots = E(X_n) = \mu,$$

因此，$E(\overline{X}) = E\left\{\frac{1}{n}\sum_{i=1}^{n}X_i\right\} = \frac{1}{n}\sum_{i=1}^{n}E(X_i) = \mu.$

(2) 由定义我们有，

$$\mathrm{Var}(\overline{X}) = E(\overline{X} - E(\overline{X}))^2 = E(\overline{X} - \mu)^2 = E\left\{\frac{1}{n}\sum_{i=1}^{n}(X_i - \mu)\right\}^2$$
$$= \frac{1}{n^2}\left\{\sum_{i=1}^{n}E(X_i - \mu)^2 + \sum_{i \neq j}E(X_i - \mu)(X_j - \mu)\right\}.$$

由 $X_1, X_2, \cdots, X_n$ 的相互独立性保证了 X_i 与 $X_j (i \neq j)$ 之间的协方差为零，即

$$\mathrm{cov}(X_i, X_j) = E(X_i - \mu)(X_j - \mu) = 0,$$

因此 $\mathrm{Var}(\overline{X}) = \frac{1}{n^2}\sum_{i=1}^{n}E(X_i - \mu)^2 = \frac{1}{n}\sigma^2.$

(3) 首先我们注意到

$$\sum_{i=1}^{n}(X_i - \overline{X})^2 = \sum_{i=1}^{n}\{X_i - \mu - (\overline{X} - \mu)\}^2$$
$$= \sum_{i=1}^{n}(X_i - \mu)^2 - 2\sum_{i=1}^{n}(X_i - \mu)(\overline{X} - \mu) + \sum_{i=1}^{n}(\overline{X} - \mu)^2$$
$$= \sum_{i=1}^{n}(X_i - \mu)^2 - n(\overline{X} - \mu)^2.$$

因此

$$E(S^2) = \frac{1}{n-1}E\left(\sum_{i=1}^{n}(X_i - \overline{X})^2\right)$$

$$= \frac{1}{n-1}\left\{\sum_{i=1}^{n}E(X_i - \mu)^2 - nE(\overline{X} - \mu)^2\right\}$$

$$= \frac{1}{n-1}(n\sigma^2 - \sigma^2) = \sigma^2.$$

重要恒等式: $\displaystyle\sum_{i=1}^{n}(X_i - \overline{X})^2 = \sum_{i=1}^{n}X_i^2 - n\overline{X}^2.$

下面我们引进顺序统计量和样本中位数的概念及有关结论.

定义 2.11 设 $X_1, X_2, \cdots, X_n$ 为一个随机样本,其按从小到大的顺序重排为

$$X_{(1)} \leqslant X_{(2)} \leqslant \cdots \leqslant X_{(n)},$$

则称 $(X_{(1)}, X_{(2)}, \cdots, X_{(n)})$ 为**顺序统计量**(order statistics).

特别地,最小顺序统计量是 $X_{(1)} = \min\{X_1, X_2, \cdots, X_n\}$,最大顺序统计量是 $X_{(n)} = \max\{X_1, X_2, \cdots, X_n\}$.

对于一个连续随机样本,设总体分布函数和分布密度函数分别为 $F(x)$ 和 $f(x)$,则顺序统计量的联合概率密度函数为

$$f(x_1, x_2, \cdots, x_n) = n! \prod_{i=1}^{n} f(x_i), \quad x_1 \leqslant x_2 \leqslant \cdots \leqslant x_n.$$

$X_{(i)}$ 的边际概率密度函数为

$$f_{(i)}(x) = \frac{n!}{(i-1)!(n-i)!}f(x)F(x)^{i-1}(1 - F(x))^{n-i}.$$

特别地,$X_{(1)}$ 和 $X_{(n)}$ 的概率(称为极值分布(extremal distribution))密度函数分别为

$$f_{(1)}(x) = nf(x)(1 - F(x))^{n-1} \text{ 和 } f_{(n)}(x) = nf(x)(F(x))^{n-1}.$$

由顺序统计量出发可以构造许多有用的统计量,例如

样本中位数(sample median):

$$X_{\mathrm{med}} = \begin{cases} X_{(\frac{n+1}{2})}, & \text{当 } n \text{ 为奇数}, \\ (X_{(\frac{n}{2})} + X_{(\frac{n}{2}+1)})/2, & \text{当 } n \text{ 为偶数}. \end{cases}$$

样本极差(sample range): $D_n = X_{(n)} - X_{(1)}.$

样本 p 分位数(sample p quantile): 对 $0 < p < 1$, $X_{([np])}$ 为样本下 p 分位数, $X_{([n(1-p)])}$ 为样本上 p 分位数,其中 $[\cdot]$ 为取整函数.

第四节 来自正态分布的抽样分布

统计量是样本的函数,它是一个随机变量.统计量的分布称为抽样分布.

一、三个重要分布

(一) χ^2 分布

定义 2.12 设 X_1，X_2，$\cdots$，X_n 相互独立,均服从 $N(0,1)$,则称随机变量

$$\chi_n^2 = X_1^2 + X_2^2 + \cdots + X_n^2 \tag{2.1}$$

服从自由度为 n 的 **χ^2 分布**,记为 $\chi^2(n)$,即: $\chi_n^2 \sim \chi^2(n)$.

定理 2.2 $\chi^2(n)$ 的概率密度为:

$$\chi^2(y, n) = \begin{cases} \dfrac{1}{2^{\frac{n}{2}} \Gamma\left(\dfrac{n}{2}\right)} y^{\frac{n}{2}-1} e^{-\frac{y}{2}}, & y \geqslant 0, \\ 0, & y < 0, \end{cases} \tag{2.2}$$

其中 $\Gamma(x) = \displaystyle\int_0^{+\infty} t^{x-1} e^{-1} dt$,

χ^2 分布具有以下性质:

(1) 若 $\chi^2 \sim \chi^2(n)$,则 $E(\chi^2) = n$, $D(\chi^2) = 2n$.

(2) 若 $\chi_1^2 \sim \chi^2(n_1)$, $\chi_2^2 \sim \chi^2(n_2)$,且它们相互独立,则

$$\chi_1^2 + \chi_2^2 \sim \chi^2(n_1 + n_2).$$

(3) 若 X_1，X_2，$\cdots$，X_n 相互独立,均服从 $N(\mu, \sigma^2)$,则

$$\chi^2 = \frac{1}{\sigma^2} \sum_{i=1}^{n} (X_i - \mu)^2 \sim \chi^2(n).$$

(4) 设总体 X 服从参数为 λ 的指数分布,X_1，X_2，$\cdots$，X_n 是来自该总体的样本,则

$$2\lambda \left(\sum_{i=1}^{n} X_i\right) = 2n\lambda \overline{X} \sim \chi^2(2n).$$

例 6. 设 X_1、X_2、X_3、X_4 是来自正态总体 $N(0, 2^2)$ 的样本,问当 a、b 为何值时,统计量 $Y = a(X_1 - 2X_2)^2 + b(3X_3 - 4X_4)^2$ 服从 χ^2 分布,其自由度为多少?

解: 记 $Y_1 = X_1 - 2X_2$, $Y_2 = 3X_3 - 4X_4$,则

$$E(Y_1) = E(X_1) - 2E(X_2) = 0, \quad E(Y_2) = 3E(X_3) - 4E(X_4) = 0,$$

$$D(Y_1) = D(X_1) + 4D(X_2) = 20, \quad D(Y_2) = 9D(X_3) + 16D(X_4) = 100,$$

于是 $Y_1 \sim N(0, 20)$, $Y_2 \sim N(0, 100)$,且相互独立,因此

$$\frac{Y_1^2}{20} + \frac{Y_2^2}{100} = \frac{1}{20}(X_1 - 2X_2)^2 + \frac{1}{100}(3X_3 - 4X_4)^2 \sim \chi^2(2),$$

即 $a = 1/20$, $b = 1/100$,自由度为 2.

例 7. 设总体 $X \sim N(0, 0.3^2)$, X_1，X_2，$\cdots$，X_{10} 是来自 X 的样本,求

$$P\left\{\sum_{i=1}^{10} X_i^2 > 1.44\right\}.$$

解: 因为 $\dfrac{1}{(0.3)^2}\sum\limits_{i=1}^{10} X_i^2 \sim \chi^2(10)$,所以

$$P\left\{\sum_{i=1}^{10} X_i^2 > 1.44\right\} = P\left\{\frac{1}{0.3^2}\sum_{i=1}^{10} X_i^2 > 16\right\} \approx 0.10.$$

(二) t 分布

定义 2.13 设 $X \sim N(0,1)$,$Y \sim \chi^2(n)$,且它们相互独立,则称随机变量

$$T_n = X/\sqrt{Y/n} \tag{2.3}$$

服从自由度为 n 的 **t 分布**,记为 $t(n)$,即 $T_n \sim t(n)$.

定理 2.3 T_n 的概率密度为

$$T(t, n) = \frac{\Gamma\left(\dfrac{n+1}{2}\right)}{\sqrt{n\pi}\,\Gamma\left(\dfrac{n}{2}\right)}\left(1 + \frac{t^2}{n}\right)^{-\frac{n+1}{2}}, \quad -\infty < t < +\infty. \tag{2.4}$$

t 分布具有如下性质:

(1) t 分布的概率密度函数是偶函数;$T(t, n)$ 在 $t = 0$ 达最大值;类似 $N(0,1)$ 图形,n 越大峰值越高.

(2) 可证明

$$\lim_{n \to \infty} T(t, n) = \frac{1}{\sqrt{2\pi}} \mathrm{e}^{-\frac{t^2}{2}}.$$

当 $n > 45$ 时,t 分布接近于 $N(0,1)$;

(3) 当 $n > 2$ 时,$E(T) = 0$,$D(T) = \dfrac{n}{n-2}$(证略).

(4) 当 n 较小时,t 分布与 $N(0,1)$ 有较大的差异,且对 $\forall t_0 \in \mathbf{R}$ 有

$$P\{|T| \geqslant t_0\} \geqslant P\{|X| \geqslant t_0\},$$

其中 $X \sim N(0,1)$. 即 t 分布的尾部比 $N(0,1)$ 的尾部具有更大的概率.

(三) F 分布

定义 2.14 设 $U \sim \chi^2(m)$,$V \sim \chi^2(n)$,且它们相互独立,则称随机变量

$$F_{m,n} = \frac{U/m}{V/n} \tag{2.5}$$

服从第一自由度为 m、第二自由度为 n 的 **F 分布**,记为 $F(m, n)$,即

$$F_{m,n} \sim F(m, n).$$

定理 2.4 设 $F_{n,m} \sim F(n, m)$ 的 F 分布的随机变量,则其密度函数为

$$F(y, m, n) = \begin{cases} \dfrac{\Gamma\left(\dfrac{m+n}{2}\right)}{\Gamma\left(\dfrac{m}{2}\right)\Gamma\left(\dfrac{n}{2}\right)}\left(\dfrac{m}{n}\right)\left(\dfrac{m}{n}y\right)^{\frac{m}{2}-1}\left(1 + \dfrac{m}{n}y\right)^{-\frac{m+n}{2}}, & y \geqslant 0, \\ 0, & y < 0. \end{cases} \tag{2.6}$$

F 分布具有如下性质:

(1) 若 $F \sim F(m, n)$,则 $\frac{1}{F} \sim F(n, m)$.

(2) 若 $X \sim t(n)$,则 $X^2 \sim F(1, n)$.

证明:由题设知, $X = \dfrac{U}{\sqrt{V/n}}$,其中 $U \sim N(0, 1)$, $V \sim \chi^2(n)$ 于是

$$Y = X^2 = \frac{U^2}{V/n} = \frac{U^2/1}{V/n},$$

其中 $U^2 \sim \chi^2(1)$,根据 F 分布的定义知 $Y = X^2 \sim F(1, n)$.

(3) 当 $n > 2$ 时, $E_{(F)} = \dfrac{n}{n-2}$;当 $n > 4$ 时, $E_{(F^2)} = \dfrac{n^2(m+2)}{(n-2)(n-4)}$, $D_{(F)} = \dfrac{n^2(2m+2n-4)}{m(n-2)^2(n-4)}$.

二、常用概率分布的分位数

定义 2.15 设随机变量 X 的概率密度函数为 $f(x)$,对于给定的正数 $\alpha(0 < \alpha < 1)$,若存在一个实数 A_α 满足

$$P\{X > A_\alpha\} = \int_{A_\alpha}^{+\infty} f(x)dx = \alpha, \tag{2.7}$$

则称 A_α 为 X 的**上侧 α 分位数**(upper α quantile),简称上 α 分位数;若 X 服从某分布,称 A_α 为某分布的上 α 分位数.

(1) 若 $\chi^2 \sim \chi^2(n)$,则称满足 $P\{\chi^2 > \chi^2_\alpha(n)\} = \alpha$ 的数 $\chi^2_\alpha(n)$ 为自由度为 n 的 χ^2 分布的上 α 分位数. 当 $n \leqslant 45$ 查附表 2;当 $n > 45$ 时,可证明: n 充分大时, $\sqrt{2\chi^2} \overset{\text{近似}}{\sim} N(\sqrt{2n-1}, 1^2)$.

$$P\{(\sqrt{2\chi^2} - \sqrt{2n-1}) > u_\alpha\} = \alpha, \overset{\text{变成}}{\Rightarrow} P\left\{\chi^2 > \frac{1}{2}(u_\alpha + \sqrt{2n-1})^2\right\} = \alpha,$$

因此

$$\chi^2_\alpha(n) \approx \frac{1}{2}(u_\alpha + \sqrt{2n-1})^2,$$

其中 u_α 为标准正态分布的 α 分位数.

(2) 若 $T \sim t(n)$,则称满足 $P\{T > t_\alpha(n)\} = \alpha$ 的数 $t_\alpha(n)$ 为 T 的上 α 分位数.

当 $n \leqslant 45$ 时,直接查附表 3. 当 $n > 45$ 时, $T \overset{\text{近似}}{\sim} N(0, 1)$, $t_\alpha(n) = u_\alpha$.

注意: $T \sim t(n)$ 的概率密度函数是偶函数. 称满足 $P\{|T| > t_{\frac{\alpha}{2}}(n)\} = \alpha$ 正数 $t_{\frac{\alpha}{2}}(n)$ 为 t 分布的双侧 α 分位数. $t_{\frac{\alpha}{2}}(n)$ 查附表可得,且

$$t_{1-\frac{\alpha}{2}}(n) = -t_{\frac{\alpha}{2}}(n).$$

(3) 若 $F \sim F(m, n)$,则称满足 $P\{F > F_\alpha(m, n)\} = \alpha$ 的数 $F_\alpha(m, n)$ 为 F 分布的上

α 分位数.

设 $F \sim F(n_1, n_2)$,则

$$F_{1-\alpha}(n_1, n_2) = \frac{1}{F_\alpha(n_2, n_1)}.$$

表中有的 $\alpha(0.10, 0.05, 0.025, 0.01, 0.005)$可直接查附表 4；

表中没有的 $\alpha(0.90, 0.95, 0.975, 0.99, 0.995)$,可利用关系式：

$$F_\alpha(m, n) = \frac{1}{F_{1-\alpha}(n, m)}. \tag{2.8}$$

三、正态总体的 $\overline{X}$、S^2 的分布

定理 2.5 (费歇(Fisher)定理)设 $X \sim N(0, 1)$, $X_1, X_2, \cdots, X_n$ 是总体 X 的容量为 n 的样本,则

(1) $\overline{X} = \dfrac{1}{n}\sum\limits_{i=1}^{n} X_i \sim N\left(0, \dfrac{1}{n}\right)$;

(2) $\sum\limits_{i=1}^{n}(X_i - \overline{X})^2 \sim \chi^2(n-1)$;

(3) $\overline{X}$ 与 $\sum\limits_{i=1}^{n}(X_i - \overline{X})^2$ 相互独立.

推论 设 $X \sim N(\mu, \sigma^2)$, $X_1, X_2, \cdots, X_n$ 是总体 X 的容量为 n 的样本,则

(1) $\overline{X} = \dfrac{1}{n}\sum\limits_{i=1}^{n} X_i \sim N\left(\mu, \dfrac{\sigma^2}{n}\right)$;

(2) $\dfrac{1}{\sigma^2}\sum\limits_{i=1}^{n}(X_i - \overline{X})^2 \sim \chi^2(n-1)$,即 $\dfrac{(n-1)S^2}{\sigma^2} \sim \chi^2(n-1)$;

(3) $\overline{X}$ 与 $\sum\limits_{i=1}^{n}(X_i - \overline{X})^2$ 相互独立,即 $\overline{X}$ 与 S^2 相互独立.

例如：设总体 $X \sim N(0, \sigma^2)$,则 $\left(\sum\limits_{i=1}^{n} X_i\right)^2$ 与 $\sum\limits_{i=1}^{n}(X_i - \overline{X})^2$ 相互独立,且

$$\frac{1}{\sigma^2}\left[\frac{1}{n}\left(\sum_{i=1}^{n} X_i\right)^2 + \sum_{i=1}^{n}(X_i - \overline{X})^2\right] \sim \chi^2(n).$$

该定理及推论的证明较复杂,我们简单证明推论(3),

证:取正交矩阵 $A = \begin{pmatrix} \dfrac{1}{\sqrt{n}} & \dfrac{1}{\sqrt{n}} & \cdots & \dfrac{1}{\sqrt{n}} \\ a_{21} & a_{22} & \cdots & a_{2n} \\ \vdots & \vdots & \cdots & \vdots \\ a_{n1} & a_{n2} & \cdots & a_{nn} \end{pmatrix}$,

令 $Y = AX$,则 $Y_1 = \dfrac{1}{\sqrt{n}}\sum\limits_{i=1}^{n} X_i = \sqrt{n}\overline{X}$

$\because$ A 正交,

$\therefore$ 相互独立,且都服从正态分布;

而 $nS^2 = \sum(X_i - \overline{X})^2 = \sum X_i^2 - n(\overline{X})^2 = \sum_{i=2}^{n} Y_i^2$,

$\therefore \overline{X}$ 与 S^2 相互独立.

定理 2.6 设 $X \sim N(\mu, \sigma^2)$, $X_1, X_2, \cdots, X_n$ 是总体 X 的容量为 n 的样本,则

$$T = \frac{\overline{X} - \mu}{\sqrt{S^2/n}} \sim t(n-1),$$

其中 $\overline{X} = \frac{1}{n}\sum_{i=1}^{n} X_i$, $S^2 = \frac{1}{n-1}\sum_{i=1}^{n}(X_i - \overline{X})^2$.

证明: 因为 $\overline{X} \sim N\left(\mu, \dfrac{\sigma^2}{n}\right)$,所以 $\dfrac{\overline{X} - \mu}{\sqrt{\sigma^2/n}} \sim N(0, 1)$. 又

$$\frac{n-1}{\sigma^2}S^2 = \frac{1}{\sigma^2}\sum_{i=1}^{n}(X_i - \overline{X})^2 \sim \chi^2(n-1),$$

且 $\dfrac{\overline{X} - \mu}{\sqrt{\sigma^2/n}}$ 与 $\dfrac{n-1}{\sigma^2}S^2$ 相互独立,从而

$$\frac{\overline{X} - \mu}{\sqrt{S^2/n}} \sim t(n-1).$$

定理 2.7 设 $X \sim N(\mu_1, \sigma_1^2)$, $Y \sim N(\mu_2, \sigma_2^2)$,且它们相互独立,又 $X_1, X_2, \cdots, X_{n_1}$ 是总体 X 的容量为 n_1 的样本,$Y_1, Y_2, \cdots, Y_{n_2}$ 是总体 Y 的容量为 n_2 的样本,则

(1) $U = \dfrac{(\overline{X} - \overline{Y}) - (\mu_1 - \mu_2)}{\sqrt{\dfrac{\sigma_1^2}{n_1} + \dfrac{\sigma_2^2}{n_2}}} \sim N(0, 1)$;

(2) $V = \dfrac{(n_1 - 1)S_1^2}{\sigma_1^2} + \dfrac{(n_2 - 1)S_2^2}{\sigma_2^2} \sim \chi^2(n_1 + n_2 - 2)$;

(3) $F = \dfrac{S_1^2/\sigma_1^2}{S_2^2/\sigma_2^2} \sim F(n_1 - 1, n_2 - 1)$;

(4) 当 $\sigma_1^2 = \sigma_2^2$ 时,

$$\frac{(\overline{X} - \overline{Y}) - (\mu_1 - \mu_2)}{S_w\sqrt{\dfrac{1}{n_1} + \dfrac{1}{n_2}}} \sim t(n_1 + n_2 - 2),$$

其中 $S_w^2 = \dfrac{(n_1 - 1)S_1^2 + (n_2 - 1)S_2^2}{n_1 + n_2 - 2}$, $\overline{X} = \dfrac{1}{n_1}\sum_{i=1}^{n_1} X_i$, $S_1^2 = \dfrac{1}{n_1 - 1}\sum_{i=1}^{n_1}(X_i - \overline{X})^2$, $\overline{Y} = \dfrac{1}{n_2}\sum_{i=1}^{n_2} Y_i$, $S_2^2 = \dfrac{1}{n_2 - 1}\sum_{i=1}^{n_2}(Y_i - \overline{Y})^2$.

证明: (1) 因为 $\overline{X} - \overline{Y} \sim N\left(\mu_1 - \mu_2, \dfrac{\sigma_1^2}{n_1} + \dfrac{\sigma_2^2}{n_2}\right)$,所以

$$U = \frac{(\overline{X} - \overline{Y}) - (\mu_1 - \mu_2)}{\sqrt{\dfrac{\sigma_1^2}{n_1} + \dfrac{\sigma_2^2}{n_2}}} \sim N(0, 1).$$

(2) 因为 $\chi_1^2 = \dfrac{n_1 - 1}{\sigma_1^2} S_1^2 \sim \chi^2(n_1 - 1)$，$\chi_2^2 = \dfrac{n_2 - 1}{\sigma_2^2} S_2^2 \sim \chi^2(n_2 - 1)$，且相互独立，所以

$$V = \frac{(n_1 - 1) S_1^2}{\sigma_1^2} + \frac{(n_2 - 1) S_2^2}{\sigma_2^2} \sim \chi^2(n_1 + n_2 - 2).$$

(3) 因为 $\chi_1^2 = \dfrac{n_1 - 1}{\sigma_1^2} S_1^2 \sim \chi^2(n_1 - 1)$，$\chi_2^2 = \dfrac{n_2 - 1}{\sigma_2^2} S_2^2 \sim \chi^2(n_2 - 1)$，且相互独立，所以

$$F = \frac{\chi_1^2 / (n_1 - 1)}{\chi_2^2 / (n_2 - 1)} = \frac{S_1^2 / \sigma_1^2}{S_2^2 / \sigma_2^2} \sim F(n_1 - 1, n_2 - 1).$$

(4) 因为 U 与 V 相互独立，且当 $\sigma_1^2 = \sigma_2^2$ 时，

$$V = \frac{1}{\sigma^2} \big[(n_1 - 1) S_1^2 + (n_2 - 1) S_2^2 \big] \sim \chi^2(n_1 + n_2 - 2),$$

$$U = \frac{(\overline{X} - \overline{Y}) - (\mu_1 - \mu_2)}{\sigma \sqrt{\dfrac{1}{n_1} + \dfrac{1}{n_2}}} \sim N(0, 1),$$

所以 $\dfrac{U}{\sqrt{V/(n_1 + n_2 - 2)}} = \dfrac{(\overline{X} - \overline{Y}) - (\mu_1 - \mu_2)}{S_w \sqrt{\dfrac{1}{n_1} + \dfrac{1}{n_2}}} \sim t(n_1 + n_2 - 2),$

其中 $S_w^2 = \dfrac{(n_1 - 1) S_1^2 + (n_2 - 1) S_2^2}{n_1 + n_2 - 2}.$

例 8. 设 $X \sim N(\mu, \sigma^2)$，$X_1, X_2, \cdots, X_n, X_{n+1}$ 是总体 X 的容量为 $n+1$ 的样本，$\overline{X} = \dfrac{1}{n} \sum_{i=1}^{n} X_i$，$S^2 = \dfrac{1}{n-1} \sum_{i=1}^{n} (X_i - \overline{X})^2$，试求统计量 $T = \dfrac{X_{n+1} - \overline{X}}{S} \sqrt{\dfrac{n}{n+1}}$ 的分布。

解：因为 $X_{n+1} \sim N(\mu, \sigma^2)$，$\overline{X} \sim N\left(\mu, \dfrac{\sigma^2}{n}\right)$，且相互独立，所以

$$E(X_{n+1} - \overline{X}) = 0, \ D(X_{n+1} - \overline{X}) = D(X_{n+1}) + D(\overline{X}) = \frac{n+1}{n} \sigma^2,$$

因此

$$\frac{X_{n+1} - \overline{X}}{\sqrt{\dfrac{n+1}{n} \sigma^2}} \sim N(0, 1).$$

又因为 $\dfrac{n-1}{\sigma^2} S^2 = \dfrac{1}{\sigma^2} \sum_{i=1}^{n} (X_i - \overline{X})^2 \sim \chi^2(n-1)$，且与 $X_{n+1} - \overline{X}$，故

$$T = \frac{\dfrac{X_{n+1} - \overline{X}}{\sqrt{\dfrac{n+1}{n}\sigma^2}}}{\sqrt{\dfrac{n-1}{\sigma^2}S^2/(n-1)}} = \frac{X_{n+1} - \overline{X}}{S}\sqrt{\frac{n}{n+1}} \sim t(n-1).$$

例9. 设 $X \sim N(\mu, \sigma^2)$, X_1, X_2, $\cdots$, X_{2n} 是总体 X 的容量为 $2n$ 的样本,其样本均值为 $\overline{X} = \dfrac{1}{2n}\sum\limits_{i=1}^{2n}X_i$,试求统计量 $Z = \sum\limits_{i=1}^{n}(X_i + X_{n+i} - 2\overline{X})^2$ 的数学期望及方差.

解: 记 $Y_i = X_i + X_{n+i}$,则 Y_1, Y_2, $\cdots$, $Y_n \sim N(2\mu, 2\sigma^2)$,

$$\overline{Y} = \frac{1}{n}\sum_{i=1}^{n}Y_i = \frac{1}{n}\sum_{i=1}^{n}(X_i + X_{n+i}) = 2\overline{X}.$$

而

$$\begin{aligned}
\frac{n-1}{2\sigma^2}S^2 &= \frac{1}{2\sigma^2}\sum_{i=1}^{n}(Y_i - \overline{Y})^2 \\
&= \frac{1}{2\sigma^2}\sum_{i=1}^{n}(X_i + X_{n+i} - 2\overline{X})^2 \\
&= \frac{1}{2\sigma^2}Z \sim \chi^2(n-1),
\end{aligned}$$

则 $E\left(\dfrac{1}{2\sigma^2}Z\right) = n-1$, $D\left(\dfrac{1}{2\sigma^2}Z\right) = 2(n-1)$,因此

$$E(Z) = 2\sigma^2(n-1), \quad D(Z) = 8\sigma^4(n-1).$$

例10. 设总体 $X \sim N(0, \sigma^2)$, X_1、X_2 为来自总体 X 的样本,求:(1) $Y = \dfrac{(X_1 + X_2)^2}{(X_1 - X_2)^2}$ 的概率密度函数;(2) $P(Y < 4)$.

解: 因为 $X_1 + X_2 \sim N(0, 2\sigma^2)$, $X_1 - X_2 \sim N(0, 2\sigma^2)$,所以

$$\frac{(X_1 + X_2)^2}{2\sigma^2} \sim \chi^2(1), \quad \frac{(X_1 - X_2)^2}{2\sigma^2} \sim \chi^2(1).$$

又 (X_1, X_2) 的联合概率密度函数为

$$\varphi(x_1, x_2) = \frac{1}{2\pi\sigma^2}e^{-\frac{x_1^2 + x_2^2}{2\sigma^2}},$$

记 $U = X_1 + X_2$, $V = X_1 - X_2$,则 (U, V) 的联合分布函数为

$$G(u, v) = P(U \leqslant u, V \leqslant v) = P(X_1 + X_2 \leqslant u, X_1 - X_2 \leqslant v)$$

$$= \iint\limits_{\substack{x_1 + x_2 \leqslant u \\ x_1 - x_2 \leqslant v}} \varphi(x_1, x_2)\,dx_1\,dx_2 = \int_{-\infty}^{u}dy_1\int_{-\infty}^{v}\frac{1}{2}\varphi\left(\frac{1}{2}(y_1 + y_2), \frac{1}{2}(y_1 - y_2)\right)dy_2$$

(作变换 $y_1 = x_1 + x_2$, $y_2 = x_1 - x_2$)

$$= \int_{-\infty}^{u}dy_1\int_{-\infty}^{v}\frac{1}{2}\frac{1}{2\pi\sigma^2}e^{-\frac{\frac{1}{2}(y_1^2 + y_2^2)}{2\sigma^2}}dy_2,$$

因此 U 与 V 相互独立.

从而 $\dfrac{(X_1+X_2)^2}{2\sigma^2}$、$\dfrac{(X_1-X_2)^2}{2\sigma^2}$ 相互独立,故

$$Y=\frac{(X_1+X_2)^2}{(X_1-X_2)^2}\sim F(1,\ 1),$$

即 Y 的概率密度函数为

$$f(y)=\begin{cases}\dfrac{1}{\pi(1+y)\sqrt{y}}, & x>0,\\[2mm] 0, & x\leqslant 0.\end{cases}$$

(2) $P(Y<4)=\displaystyle\int_0^4\frac{1}{\pi(1+x)\sqrt{x}}\mathrm{d}x=\int_0^4\frac{2}{\pi(1+(\sqrt{x})^2)}\mathrm{d}\sqrt{x}=\frac{2}{\pi}\arctan 2.$

习题二

1. 设 X_1、X_2、X_3 是总体 $N(\mu,\ \sigma^2)$ 的一个样本,其中 μ 已知,$\sigma>0$ 未知,则以下的函数中哪些为统计量? 为什么?

(1) $X_1+X_2+X_3$;　　(2) $X_3+3\mu$;　　(3) X_1;　　(4) μX_2^2;

(5) $\displaystyle\sum_{i=1}^{3}X_i/\sigma^2$;　　　　(6) $\max\{X_i\}$;　　(7) $\sigma+X_3$.

2. 在总体 $N(52,6.3^2)$ 中随机地抽取一个容量为 36 的样本,求样本均值 $\overline{X}$ 落在 50.8 与 53.8 之间的概率.

3. 对下列两种情形中的样本观测值,分别求出样本均值的观测值 $\overline{x}$ 与样本方差的观测值 s^2.

(1) 5,2,3,5,8;

(2) 105,102,103,105,108.

4. 设 X_1,X_2,$\cdots$,X_n 是取自总体 X 的一个样本. 在下列三种情形下,分别写出样本 X_1,X_2,$\cdots$,X_n 的概率函数或密度函数:

(1) $X\sim B(1,\ p)$;　　(2) $X\sim\mathrm{Exp}(\lambda)$;　　(3) $X\sim U(0,\ \theta)$,$\theta>0$.

5. 设 X_1,X_2,$\cdots$,X_n 是取自总体 X 的一个样本. 在下列三种情形下,分别求出 $E(\overline{X})$、$D(\overline{X})$、$E(S^2)$.

(1) $X\sim B(1,\ p)$;　　(2) $X\sim\mathrm{Exp}(\lambda)$;　　(3) $X\sim U(0,\ \theta)$,$\theta>0$.

6. 设 X_1,X_2,$\cdots$,X_n 是独立同分布的随机变量,且都服从 $N(0,\sigma^2)$,试证:

(1) $\dfrac{1}{\sigma^2}\displaystyle\sum_{i=1}^{n}X_i^2\sim\chi^2(n)$;　　(2) $\dfrac{1}{n\sigma^2}\left(\displaystyle\sum_{i=1}^{n}X_i\right)^2\sim\chi^2(1)$.

7. 设 X_1、X_2 是取自总体 X 的一个样本. 试证:$X_1-\overline{X}$ 与 $X_2-\overline{X}$ 相关系数等于 -1.

8. 设 X_1,X_2,$\cdots$,X_n 是取自正态总体 $N(\mu,\ \sigma^2)$ 的一个样本,试求统计量 $\displaystyle\sum_{i=1}^{n}c_iX_i$ 的

分布,其中 $c_i(i = 1, 2, \cdots, n)$ 是不全为零的已知常数.

9. 设 $X_1, X_2, \cdots, X_n$ 和 $Y_1, Y_2, \cdots, Y_m$ 分别是取自正态总体 $N(\mu_1, \sigma_1^2)$ 和 $N(\mu_2, \sigma_2^2)$ 的样本,且相互独立,试求统计量 $U = a\overline{X} + b\overline{Y}$ 的分布,其中 a、b 是不全为零的已知常数.

10. 设 $X_1, X_2, \cdots, X_5$ 是取自正态总体 $N(0, \sigma^2)$ 的一个样本,试证:

(1) 当 $k = \dfrac{3}{2}$ 时,$k \dfrac{X_1 + X_2}{\sqrt{X_3^2 + X_4^2 + X_5^2}} \sim t(3)$;

(2) 当 $k = \sqrt{\dfrac{3}{2}}$ 时,$k \dfrac{(X_1 + X_2)^2}{\sqrt{X_3^2 + X_4^2 + X_5^2}} \sim F(1, 3)$.

第三章

参数估计

上一章,我们讲了数理统计的基本概念,从这一章开始,我们研究数理统计的重要内容之一即统计推断.

所谓统计推断,就是根据从总体中抽取得的一个简单随机样本对总体进行分析和推断.即由样本来推断总体,或者由部分推断总体.这就是数理统计学的核心内容.它的基本问题包括两大类问题,一类是估计理论;另一类是假设检验.而估计理论又分为参数估计与非参数估计,参数估计又分为点估计和区间估计两种,这里我们主要研究参数估计这一部分数理统计的内容.

第一节 参数估计的概念

统计推断的目的,是由样本推断出总体的具体分布.一般来说,要想得到总体的精确分布是十分困难的.由第二章知道:只有在样本容量 n 充分大时,经验分布函数 $F_n(x) \xrightarrow{\text{一致}} F(x)$(以概率 1),但在实际问题中,并不容许 n 很大.而由之前学习的中心极限定理,可以断定在某些条件下的分布为正态分布,也就是说,首先根据样本观测值,对总体分布的类型作出判断和假设,从而得到总体的分布类型,其中含有一个或几个未知参数;其次,对另外一些并不关心其分布类型的统计推断问题,只关心总体的某些数字特征,如期望、方差等,通常把这些数字特征也称为参数.这时,抽样的目的就是为了解出这些未知的参数.

问题 1 设某总体 $X \sim \pi(\lambda)$,试由样本 $(X_1, X_2, \cdots, X_n)$ 来估计参数 λ.

问题 2 设某总体 $X \sim N(\mu, \sigma^2)$,试由样本 $(X_1, X_2, \cdots, X_n)$ 来估计参数 μ、σ^2.

在上述两个问题中,参数的取值虽未知,但根据参数的性质和实际问题,可以确定出参数的取值范围,把参数的取值范围称为参数空间,记为 Θ.

如:问题 1 记为 $\Theta = \{\lambda \mid \lambda > 0\}$;问题 2 为 $\Theta = \{(\mu, \sigma^2) \mid \sigma > 0, \mu \in \mathbf{R}\}$.

定义 3.1 设总体 X 的分布函数为 $F(x, \theta)$,其中 $\theta = (\theta_1, \theta_2, \cdots, \theta_r)$ 是一个未知的参数向量,参数估计问题就是要从样本出发构造一些统计量作为总体某些参数(或数字特征)的估计量.点估计就是构造统计量.

令

$$\theta_j = \theta_j(X_1, X_2, \cdots, X_n), \ j = 1, 2, \cdots, r,$$

以 θ_j 的值作为 θ_j 的近似值.对 θ_j 进行估计,叫**(点)估计量**.若样本观测值代入 $\theta_j(x_1, x_2, \cdots, x_n)$ 称为 θ_j 的**估计值**.区间估计是根据样本构造出适当的区间,它以一定的概率

包含未知参数. 即对总体中的一维参数 θ,构造两个统计量:

$$\hat{\theta}_1 = g_1(X_1, X_2, \cdots, X_n), \hat{\theta}_2 = g_2(X_1, X_2, \cdots, X_n),$$

使得 $[\hat{\theta}_1, \hat{\theta}_2]$ 以较大的概率包含待估参数 θ,此时,称 $[\hat{\theta}_1, \hat{\theta}_2]$ 为 θ 的区间估计.

第二节　点估计量的求法

点估计量的求解方法很多,这里主要介绍**矩估计法**和**极大似然估计法**,除了这两种方法之外,还有 Bayes 方法和最小二乘法等.

一、矩估计法(K. Pearson)

(一) 基本思想

矩估计法是一种古老的估计方法. 大家知道,矩是描写随机变量的最简单的数字特征. 样本来自于总体,从前面可以看到样本矩在一定程度上也反映了总体矩的特征,且在样本容量 n 增大的条件下,样本的 k 阶原点矩 $A_k = \dfrac{1}{n}\sum_{i=1}^{n} X_i^k$ 以概率收敛到总体 X 的 k 阶原点矩 $\mu_k = E(X^k)$,即 $A_k \xrightarrow{p} \mu_k (n \to \infty) k = 1, 2, \cdots$. 矩估计法就是在总体的各阶矩存在的条件下,用样本的各阶矩去估计总体相应的各阶矩,又由于总体的分布类型已知,总体的各阶矩可表示为未知参数的已知函数,这样样本的各阶矩就与未知参数的已知函数联系起来,从而得到参数的各阶矩.

(二) 具体做法

设总体 X 的分布密度为 $f(x; \theta_1, \cdots, \theta_r)$,则称 $\mu_k = E(X^k)$ 为总体的 k 阶原点矩. 一般来说,μ_k 是 r 个参数 $\theta_1, \theta_2, \cdots, \theta_r$ 的函数,即 $\mu_k = \mu_k(\theta_1, \theta_2, \cdots, \theta_r)$.

类似地,设 $X_1, X_2, \cdots, X_n$ 是来自总体 X 的容量为 n 样本,称

$$A_k = \frac{1}{n}\sum_{i=1}^{n} X_i^k, k = 1, 2, \cdots \qquad (3.1)$$

为样本 k 阶原点矩. 矩估计法就是用样本矩 A_k 作为总体矩 μ_k 的估计量,且形成了 r 个方程:

$$A_k = \frac{1}{n}\sum_{i=1}^{n} X_i^k = \mu_k(\theta_1, \theta_2, \cdots, \theta_r), k = 1, 2, \cdots, r$$

然后求解 $\theta_1, \theta_2, \cdots, \theta_r$.

矩估计法:上述方程组的解 $\hat{\theta}_1, \hat{\theta}_2, \cdots, \hat{\theta}_r$ 就是参数 $\theta_1, \theta_2, \cdots, \theta_r$ 的矩估计法的估计量. 对于样本的一组观测值 $x_1, x_2, \cdots, x_n$,方程组

$$\frac{1}{n}\sum_{i=1}^{n} x_i^k = \mu_k(\theta_1, \theta_2, \cdots, \theta_r), k = 1, 2, \cdots, r,$$

的解 $\hat{\theta}_1$，$\hat{\theta}_2$，…，$\hat{\theta}_r$ 就是参数 θ_1，θ_2，…，θ_r 的矩估计法的估计值.

例1. 设总体 X 的均值 μ 及方差 σ^2 都存在但均未知，且 $\sigma^2 > 0$，$(X_1, X_2, \cdots, X_n)$ 是来自总体 X 的一个样本，试求 μ、σ^2 的矩估计量.

解：因为 $\begin{cases} \mu_1 = E(X) = \mu, \\ \mu_2 = E(X^2) = D(X) + [E(X)]^2 = \sigma^2 + \mu^2, \end{cases}$ 令 $\begin{cases} \mu = A_1, \\ \sigma^2 + \mu^2 = A_2, \end{cases}$ 则

$\begin{cases} \mu = A_1, \\ \sigma^2 = A_2 - A_1^2, \end{cases}$ 所以 $\begin{cases} \hat{\mu} = \overline{X}, \\ \hat{\sigma}^2 = \dfrac{1}{n}\sum\limits_{i=1}^{n}(X_i^2) - \overline{X}^2 = \dfrac{1}{n}\sum\limits_{i=1}^{n}(X_i - \overline{X})^2. \end{cases}$

例2. 设 X_1，X_2，…，X_n 是概率密度为

$$f(x) = \begin{cases} \dfrac{1}{b-a}, & a \leqslant x \leqslant b, \\ 0, & \text{其他} \end{cases}$$

的总体 X 的样本，其中 $b > a$ 都是未知参数，试求 a 与 b 的矩估计量.

解：因为 $X \sim U(a, b)$，所以 $EX = \dfrac{a+b}{2}$，$DX = \dfrac{(b-a)^2}{12}$. 又方程组

$$\begin{cases} \overline{X} = \dfrac{a+b}{2}, \\ S_n^2 = \dfrac{(b-a)^2}{12}, \end{cases} \text{解得} \begin{cases} \hat{b} = \overline{X} - \sqrt{3}\,S_n, \\ \hat{a} = \overline{X} + \sqrt{3}\,S_n. \end{cases}$$

其中 $\overline{X} = \dfrac{1}{n}\sum\limits_{i=1}^{n}X_i$，$S_n = \sqrt{\dfrac{1}{n}\sum\limits_{i=1}^{n}(X_i - \overline{X})^2}$.

注 上述结果表明：总体均值与方差的矩估计量的表达式不会因总体的分布不同而异；同时，我们又注意到，总体均值是用样本均值来估计的，而总体方差（即总体的二阶中心矩）却不是用样本方差来估计的，而是用样本二阶中心矩来估计. 那么，能否用 S^2 来估计 σ^2 呢？能的话，S^2 与 B_2 哪个更好？下节课将再作详细讨论.

这样看来，虽然矩估计法计算简单，不管总体服从什么分布，都能求出总体矩的估计量，但它仍然存在着一定的缺陷：对于一个参数，可能会有多种估计量. 比如下面的例子：

例3. 设 $X \sim \pi(\lambda)$，λ 未知，$(X_1, X_2, \cdots, X_n)$ 是 X 的一个样本，求 λ 的矩估计量.

解：由题意，得 $E(X) = \lambda$，$D(X) = \lambda$.

由 $E(X) = \lambda$，得 $\hat{\lambda} = \overline{X}$. 由 $D(X) = \lambda$，得 $\hat{\lambda} = \dfrac{1}{n}\sum\limits_{i=1}^{n}(X_i - \overline{X})^2$. 所以 $\overline{X}$ 与 $\dfrac{1}{n}\sum\limits_{i=1}^{n}(X_i - \overline{X})^2$ 是两个不同的统计量，但都是 λ 的估计. 这样，就会给应用带来不便，为此，费歇尔（R. A. Fisher，1890—1962）提出了以下的改进的方法.

二、极大似然估计法

（一）极大似然估计的基本思想

极大似然估计法是求估计的另一种方法. 它最早是由高斯所提出的，后来费歇尔在

1912 年重新提出,并且证明了这方法的一些性质. 极大似然估计这一名称也是费歇尔给的,这是一种目前仍然得到广泛应用的方法. 它是建立在极大似然原理的基础上的一个统计方法. 极大似然原理的直观想法是:一个随机试验如有若干个可能结果 A_1,A_2,…,若在一次试验中结果 A_1 出现,则一般认为试验条件对 A_1 出现有利,也即 A_1 出现的概率最大.

若总体 X 的分布律为 $P(X = x) = p(x; \theta)$[或总体 x 的密度函数为 $f(x_i; \theta)$],其中 $\theta = (\theta_1, \theta_2, \cdots, \theta_k)$ 为待估参数$(\theta \in \Theta)$.

引例　设在一个口袋中装有许多白球和黑球,但不知是黑球多还是白球多,只知道两种球的数量之比为 1∶3 就是说抽取到黑球的概率 p 为 $\frac{1}{4}$ 或 $\frac{3}{4}$. 如果用有放回抽取的方法从口袋中抽取 3 个球,发现有一个是黑球,试判断 p 的值.

如果有放回从袋中抽取 n 个球,那么黑球数目 X 服从二项分布:

$$P\{X = k\} = C_n^k p^k (1 - p)^{n-k}.$$

于是

X	0	1	2	3
$p\left(X, \frac{3}{4}\right)$	$\frac{1}{64}$	$\frac{9}{64}$	$\frac{27}{64}$	$\frac{27}{64}$
$p\left(X, \frac{1}{4}\right)$	$\frac{27}{64}$	$\frac{27}{64}$	$\frac{9}{64}$	$\frac{1}{64}$

当 $p = \frac{1}{4}$ 时,P(取的三个球中有一个黑球)$= \frac{27}{64}$ 最大. 选取参数 $p = \frac{1}{4}$ 总体较合理. 故取 p 的估计值 $\hat{p} = \frac{1}{4}$.

因此,定义 p 估计值如下:

$$\hat{p} = \begin{cases} \dfrac{1}{4}, & k = 0, 1, \\ \dfrac{3}{4}, & k = 2, 3. \end{cases}$$

使得

$$P\{X = k, p = \hat{p}\} \geqslant P\{X = k, p = p'\},$$

其中 p' 是取任何异于 $\hat{p}$ 的值.

极大似然估计基本思想:根据样本的具体情况,选择参数 p 的估计 $\hat{p}$,使得该样本发生的概率最大.

(二)极大似然估计的求法

设$(X_1, X_2, \cdots, X_n)$是来自总体 X 的一个样本,$(x_1, x_2, \cdots, x_n)$是相应于样本的一样本观测值,易知:样本$(X_1, X_2, \cdots, X_n)$取到观测值$(x_1, x_2, \cdots, x_n)$的概率为

$$p = P\{X_1 = x_1,\ X_2 = x_2,\ \cdots,\ X_n = x_n\} = \prod_{i=1}^{n} p(x_i;\ \theta)\,(离散型).$$

（或样本 $(X_1,\ X_2,\ \cdots,\ X_n)$ 落在点 $(x_1,\ x_2,\ \cdots,\ x_n)$ 的邻域（边长分别为 $\mathrm{d}x_1$，$\mathrm{d}x_2,\ \cdots,\ \mathrm{d}x_n$ 的 n 维立方体）内的概率近似地为 $p \approx \prod_{i=1}^{n} f(x_i;\ \theta)\mathrm{d}x_i$（连续性））

令 $L(\theta) = L(x_1,\ x_2,\ \cdots,\ x_n) = \prod_{i=1}^{n} p(x_i;\ \theta)$（或 $L(\theta) = L(x_1,\ x_2,\ \cdots,\ x_n) = \prod_{i=1}^{n} f(x_i;\ \theta)$），则概率 p 随 θ 的取值变化而变化，它是 θ 的函数，$L(\theta)$ 称为样本的**似然函数**（注意，这里的 $x_1,\ x_2,\ \cdots,\ x_n$ 是已知的样本观测值，它们都是常数）. 如果当 $\theta = \theta_0 \in \Theta$ 时使 $L(\theta)$ 取最大值，我们自然认为 θ_0 作为未知参数 θ 的估计较为合理.

极大似然方法就是固定样本观测值 $(x_1,\ x_2,\ \cdots,\ x_n)$，在 θ 取值的可能范围 Θ 内，挑选使似然函数 $L(x_1,\ x_2,\ \cdots,\ x_n;\ \hat{\theta})$ 达到最大（从而概率 p 达到最大）的参数值 $\hat{\theta}$ 作为参数 θ 的估计值，即 $L(x_1,\ x_2,\ \cdots,\ x_n;\ \theta) = \max\limits_{\theta \in \Theta} L(x_1,\ x_2,\ \cdots,\ x_n;\ \theta)$，这样得到的 $\hat{\theta}$ 与样本观测值 $(x_1,\ x_2,\ \cdots,\ x_n)$ 有关，常记为 $\hat{\theta}(x_1,\ x_2,\ \cdots,\ x_n)$，称之为参数 θ 的**极大似然估计值**，而相应的统计量 $\hat{\theta}(X_1,\ X_2,\ \cdots,\ X_n)$ 称为参数 θ 的**极大似然估计量**. 这样将原来求参数 θ 的极大似然估计值问题就转化为求似然函数 $L(\theta)$ 的最大值问题了.

设总体 X 的概率密度函数为 $f(x;\ \theta_1,\ \theta_2 \cdots \theta_m)$ 已知，参数 θ_j 未知 $(j = 1,\ 2,\ \cdots,\ m)$，$x_1,\ x_2,\ \cdots,\ x_n$ 是来自总体的样本观测值. 记 $\theta = (\theta_1,\ \theta_2,\ \cdots,\ \theta_m)$，选择参数的估计 θ_1，$\theta_2,\ \cdots,\ \theta_m$，使样本 $(X_1,\ X_2,\ \cdots,\ X_n)$ 取值 $(x_1,\ x_2,\ \cdots,\ x_n)$ 附近的概率

$$P\{x_1 < X_1 \leqslant x_1 + \Delta x_1,\ x_2 < X_2 \leqslant x_2 + \Delta x_2,\ \cdots,\ x_n < X_n \leqslant x_n + \Delta x_n\}$$

$$\underline{X_i\ 独立} \prod_{i=1}^{n} P\{x_i < X_i \leqslant x_i + \Delta x_i\} = \prod_{i=1}^{n} \int_{x_i}^{x_i + \Delta x_i} f(x_i,\ \theta)\mathrm{d}x_i \approx \prod_{i=1}^{n} f(x_i;\ \theta_1,\ \theta_2 \cdots \theta_m)\Delta x_i$$

达到最大，等价使 $\prod_{i=1}^{n} f(x_i;\ \theta_1,\ \theta_2 \cdots \theta_m)$ 达到最大. 称

$$L = L(x_1,\ x_2,\ \cdots,\ x_n;\ \theta_1,\ \theta_2,\ \cdots,\ \theta_m) = \prod_{i=1}^{n} f(x_i;\ \theta_1,\ \theta_2,\ \cdots,\ \theta_m) \qquad (3.2)$$

为样本值 $x_1,\ x_2,\ \cdots,\ x_n$ 的似然函数.

如总体 X 是离散型，$f(x;\ \theta_1,\ \theta_2,\ \cdots,\ \theta_k)$ 表示分布律 $P\{X = x\}$，则

$$L = L(x_1,\ x_2,\ \cdots,\ x_n;\ \theta_1,\ \theta_2,\ \cdots,\ \theta_m)$$

$$= P\{X_1 = x_1,\ X_2 = x_2,\ \cdots,\ X_n = x_n\} = \prod_{i=1}^{n} P\{X_i = x_i\}.$$

定义 3.2 如果似然函数 $L = L(x_1,\ x_2,\ \cdots,\ x_n;\ \theta_1,\ \theta_2,\ \cdots,\ \theta_m)$ 在 $\theta_1,\ \theta_2,\ \cdots,\ \theta_m$ 达到最大值，则称 $\theta_1,\ \theta_2,\ \cdots,\ \theta_m$ 分别为 $\theta_1,\ \theta_2,\ \cdots,\ \theta_m$ 的**极大似然估计**.

（三）具体做法

在很多情况下，$p(x;\ \theta)$ 和 $f(x;\ \theta)$ 关于 θ 可微，因此根据似然函数的特点，常把它变

为如下形式：$\ln L(\theta) = \sum\limits_{i=1}^{n} \ln f(x_i\,;\,\theta)\,\big(或 \sum\limits_{i=1}^{n} \ln p(x_i\,;\,\theta)\big)$，该式称为**对数似然函数**．由高等数学知：$L(\theta)$ 与 $\ln L(\theta)$ 的最大值点相同．若未知参数 θ 只有一个，则令 $\dfrac{\mathrm{d}\ln L(\theta)}{\mathrm{d}\theta} = 0$，求解得 $\hat{\theta} = \hat{\theta}(x_1,\,x_2,\,\cdots,\,x_n)$，从而可得参数 θ 的极大似然估计量为 $\hat{\theta} = \hat{\theta}(X_1,\,X_2,\,\cdots,\,X_n)$．若未知参数 θ 不止一个，有 $\theta_1,\,\theta_2,\,\cdots,\,\theta_m$，则令 $\dfrac{\partial \ln L(\theta)}{\partial \theta_j} = 0$，$j = 1, 2, \cdots, m$，求解得：$\hat{\theta}_j = \hat{\theta}_j(x_1,\,x_2,\,\cdots,\,x_n)$，从而可得参数 θ_j 的极大似然估计量为 $\hat{\theta}_j = \hat{\theta}_j(X_1,\,X_2,\,\cdots,\,X_n)$；

若 $p\{x;\theta\}$ 和 $f(x;\theta)$ 关于 θ 不可微时，需另寻方法．

例 4. 设总体 $X \sim B(1,\,p)$，p 为未知参数，$(x_1,\,x_2,\,\cdots,\,x_n)$ 是一个样本观测值，求参数 p 的极大似然估计．

解：因为总体 X 的分布律为：$P\{X = x\} = p^x(1-p)^{1-x}$，$x = 0$，$1$，故似然函数为

$$L(p) = \prod_{i=1}^{n} p^{x_i}(1-p)^{1-x_i} = p^{\sum\limits_{i=1}^{n} x_i}(1-p)^{n-\sum\limits_{i=1}^{n} x_i},\ x_i = 0,\ 1(i = 1,\ 2,\ \cdots,\ n).$$

从而 $\ln L(p) = \big(\sum\limits_{i=1}^{n} x_i\big)\ln p + \big(n - \sum\limits_{i=1}^{n} x_i\big)\ln(1-p)$，令 $\dfrac{\mathrm{d}\ln L(p)}{\mathrm{d}p} = \dfrac{\sum\limits_{i=1}^{n} x_i}{p} + \dfrac{n - \sum\limits_{i=1}^{n} x_i}{p-1} = 0$，

解得 p 的极大似然估计值为 $\hat{p} = \dfrac{1}{n}\sum\limits_{i=1}^{n} x_i = \bar{x}$，所以 p 的极大似然估计量为 $\hat{p} = \dfrac{1}{n}\sum\limits_{i=1}^{n} X_i = \bar{X}$．

例 5. 设总体 $X \sim N(\mu,\,\sigma^2)$，μ、σ^2 未知，$(X_1,\,X_2,\,\cdots,\,X_n)$ 为 X 的一个样本，$(x_1,\,x_2,\,\cdots,\,x_n)$ 是 $(X_1,\,X_2,\,\cdots,\,X_n)$ 的一个样本观测值，求 μ、σ^2 的极大似然估计值及相应的估计量．

解：由于 $X \sim N(\mu,\,\sigma^2)$，则 $f(x;\,\mu,\,\sigma) = \dfrac{1}{\sqrt{2\pi}\sigma} \mathrm{e}^{-\frac{(x-\mu)^2}{2\sigma^2}}$，$x \in \mathbf{R}$，所以似然函数为

$$L(\mu,\,\sigma^2) = \prod_{i=1}^{n} \frac{1}{\sqrt{2\pi}\sigma} \mathrm{e}^{-\frac{(x_i-\mu)^2}{2\sigma^2}} = (2\pi\sigma^2)^{-\frac{n}{2}} \mathrm{e}^{-\frac{1}{2\sigma^2}\sum\limits_{i=1}^{n}(x_i-\mu)^2}.$$

取对数得

$$\ln L(\mu,\,\sigma^2) = -\frac{n}{2}(\ln 2\pi + \ln \sigma^2) - \frac{1}{2\sigma^2}\sum_{i=1}^{n}(x_i-\mu)^2,$$

分别对 μ、σ^2 求偏导数得

$$\begin{cases} \dfrac{\partial}{\partial \mu}(\ln L(\mu,\,\sigma^2)) = \dfrac{1}{\sigma^2}\sum\limits_{i=1}^{n}(x_i-\mu) \triangleq 0, & \textcircled{1} \\[3mm] \dfrac{\partial}{\partial \sigma^2}(\ln L(\mu,\,\sigma^2)) = -\dfrac{n}{2\sigma^2} + \dfrac{1}{2\sigma^4}\sum\limits_{i=1}^{n}(x_i-\mu)^2 \triangleq 0. & \textcircled{2} \end{cases}$$

由①得 $\mu = \dfrac{1}{n}\sum\limits_{i=1}^{n} x_i = \bar{x}$，代入式 ② 可得 $\sigma^2 = \dfrac{1}{n}\sum\limits_{i=1}^{n}(x_i - \mu)^2 = \dfrac{1}{n}\sum\limits_{i=1}^{n}(x_i - \bar{x})^2$.

所以 μ、σ^2 的极大似然估计值分别为：$\hat{\mu} = \dfrac{1}{n}\sum\limits_{i=1}^{n} x_i = \bar{x}$，$\hat{\sigma}^2 = \dfrac{1}{n}\sum\limits_{i=1}^{n}(x_i - \bar{x})^2$；

μ、σ^2 的极大似然估计量分别为：$\hat{\mu} = \dfrac{1}{n}\sum\limits_{i=1}^{n} = X_i = \bar{X}$，$\hat{\sigma}^2 = \dfrac{1}{n}\sum\limits_{i=1}^{n}(X_i - \bar{X})^2$.

例 6. 设总体 $X \sim U[a, b]$，a、b 未知，$(x_1, x_2, \cdots, x_n)$ 是一个样本观测值，求 a、b 的极大似然估计.

解：由于 $f(x; a, b) = \begin{cases} \dfrac{1}{b-a}, & a \leqslant x \leqslant b, \\ 0, & \text{其他}, \end{cases}$ 则似然函数为：

$$L(a, b) = \begin{cases} \dfrac{1}{(b-a)^n}, & a \leqslant x_1, x_2, \cdots, x_n \leqslant b, \\ 0, & \text{其他}. \end{cases}$$

通过分析可知，用解似然方程极大值的方法求极大似然估计很难求解（因为无极值点），所以可用直接观察法.

记 $x_{(1)} = \min\limits_{1 \leqslant i \leqslant n}\{x_i\}$，$x_{(n)} = \max\limits_{1 \leqslant i \leqslant n}\{x_i\}$，由于 $a \leqslant x_1, x_2, \cdots, x_{(n)} \leqslant b$，则 $a \leqslant x_{(1)}$，$x_{(n)} \leqslant b$，从而对于满足条件：$a \leqslant x_{(1)}$，$x_{(n)} \leqslant b$ 的任意 a、b 有 $L(a, b) = \dfrac{1}{(b-a)^n} \leqslant \dfrac{1}{(x_{(n)} - x_{(1)})^n}$，即 $L(a, b)$ 在 $a = x_{(1)}$，$b = x_{(n)}$ 时取得最大值，即

$$L_{\max}(a, b) = \dfrac{1}{(x_{(n)} - x_{(1)})^n}.$$

故 a、b 的极大似然估计值为 $\hat{a} = x_{(1)} = \min\limits_{1 \leqslant i \leqslant n}\{x_i\}$，$\hat{b} = x_{(n)} = \max\limits_{1 \leqslant i \leqslant n}\{x_i\}$，$a$、$b$ 的极大似然估计量为 $\hat{a} = X_{(1)} = \min\limits_{1 \leqslant i \leqslant n}\{X_i\}$，$\hat{b} = X_{(n)} = \max\limits_{1 \leqslant i \leqslant n}\{X_i\}$.

或者令 $I(a \leqslant x \leqslant b) = \begin{cases} 1, & a \leqslant x \leqslant b, \\ 0, & \text{其他}, \end{cases}$ 则 $f(x; a, b) = \dfrac{1}{b-a}I(a \leqslant x \leqslant b)$，从而似然函数为

$$L(a, b) = \dfrac{1}{(b-a)^n}\prod_{i=1}^{n}[I(a \leqslant x_i \leqslant b)].$$

记 $x_{(1)} = \min\limits_{1 \leqslant i \leqslant n}\{x_i\}$，$x_{(n)} = \max\limits_{1 \leqslant i \leqslant n}\{x_i\}$，可得

$$L(a, b) = \dfrac{1}{(b-a)^n}[I(a \leqslant x_{(1)} \leqslant x_{(n)} \leqslant b)] \leqslant \dfrac{1}{(x_{(n)} - x_{(1)})^n},$$

故 a、b 的极大似然估计量为 $\hat{a} = X_{(1)}$，$\hat{b} = X_{(n)}$.

（四）极大似然估计量有如下的性质

定理 3.1 在一定的条件下，若 $X \sim f(x; \theta_1, \theta_2, \cdots, \theta_m)$，未知参数的函数为 $g(x;$

θ_1，θ_2，$\cdots$，θ_m），θ_1，θ_2，$\cdots$，θ_m 分别为 θ_1，θ_2，$\cdots$，θ_m 的极大似然估计，则 $g(\theta_1$，θ_2，$\cdots$，θ_m) 为 $g(\theta_1$，θ_2，$\cdots$，θ_m) 的极大似然估计.

例 7. 设 $(X_1$，X_2，$\cdots$，$X_n)$ 是正态总体 $N(\mu$，$\sigma^2)$ 的样本，试求 $P(\overline{X} < t)$ 的极大似然估计.

解: 本题的关键是将 $P(X < t)$ 看作参数 μ、σ^2 的函数，从而代于 μ、σ^2 的极大似然估计可得 $P(\overline{X} < t)$ 的极大似然估计，由于 $\dfrac{\overline{X} - \mu}{\sigma/\sqrt{n}} \sim N(0, 1)$，故

$$P(\overline{X} < t) = P\left(\frac{\overline{X} - \mu}{\sigma/\sqrt{n}} < \frac{t - \mu}{\sigma/\sqrt{n}}\right) = \Phi\left(\frac{t - \mu}{\sigma/\sqrt{n}}\right).$$

由于正态总体的极大似然估计为

$$\mu = \overline{X}, \quad \hat{\sigma}^2 = S_n^2 = \frac{1}{n}\sum_{i=1}^{n}(X_i - \overline{X})^2,$$

故 $P(\overline{X} < t)$ 的极大似然估计为 $\hat{\Phi}(\overline{X} < t) = \Phi\left[\dfrac{\sqrt{n}(t - \overline{X})}{S_n}\right]$.

第三节 估计量的评选标准

从上一节得到：对于同一参数，用不同的估计方法求出的估计量可能不相同，用相同的方法也可能得到不同的估计量，也就是说，同一参数可能具有多种估计量，而且，原则上讲，其中任何统计量都可以作为未知参数的估计量，那么采用哪一个估计量为好呢？这就涉及到估计量的评价问题，而判断估计量好坏的标准是：有无系统偏差；波动性的大小；伴随样本容量的增大是否是越来越精确，这就是估计的无偏性、有效性和相合性.

一、无偏性

设 $\hat{\theta}$ 是未知参数 θ 的估计量，则 $\hat{\theta}$ 是一个随机变量，对于不同的样本观测值就会得到不同的估计值，我们总希望估计值在 θ 的真实值左右徘徊，而若其数学期望恰好等于 θ 的真实值，这就导致无偏性这个标准.

定义 3.3 设 $\theta(X_1$，X_2，$\cdots$，$X_n)$ 是 θ 的估计量，若 $E(\hat{\theta}) = \theta$，对一切 $\theta \in \Theta$，则称 $\hat{\theta}$ 为 θ 的**无偏估计量**，否则称为 θ 的**有偏估计量**. 其偏差度为 $b_n(\theta, \theta) = E(\hat{\theta}) - \theta$. 如果 $\lim\limits_{n \to \infty} E(\hat{\theta}) = \theta$，则称 $\hat{\theta}$ 为 θ 的**渐近无偏估计量**.

定义 3.4 设未知参数的已知函数 $g(\theta)$ 的估计量为 $\varphi(X_1$，X_2，$\cdots$，$X_n)$，如果对一切 $\hat{\theta} \in \Theta$ 都有

$$E_{(\hat{\theta})} = [\varphi(X_1, X_2, \cdots, X_n)] = g(\theta) \tag{3.3}$$

则称 φ 为 $g(\theta)$ 的**无偏估计量**.

例8. 设$(X_1, X_2, \cdots, X_n)$为总体$N(\mu, \sigma^2)$的一个样本,试证存在常数c,使

$$c\sum_{i=1}^{n-1}(X_{i+1}-X_i)^2$$

为σ^2的无偏估计.

证明:由题意得,$E(X_i)=\mu$,$D(X_i)=\sigma^2$,$i=1, 2, \cdots, n$,则

$$E\left[c\sum_{i=1}^{n-1}(X_{i+1}-X_i)^2\right]=c\sum_{i=1}^{n-1}E(X_{i+1}-X_i)^2$$
$$=c\sum_{i=1}^{n-1}[E(X_{i+1}^2)-2E(X_{i+1}X_i)+E(X_i^2)]$$
$$=c\sum_{i=1}^{n-1}(\sigma^2+\mu^2-2\mu^2+\mu^2+\sigma^2)$$
$$=c(n-1)\cdot 2\sigma^2.$$

要使$c(n-1)\cdot 2\sigma^2=\sigma^2$,只须取$c=1/2(n-1)$.

无偏估计只涉及到一阶矩(均值),虽然计算简便,但是往往会出现一个参数的无偏估计有多个,而无法确定哪个估计量好.

例9. 设总体$X\sim E(\theta)$,其概率密度函数为$f(x;\theta)=\begin{cases}\dfrac{1}{\theta}e^{-\frac{x}{\theta}}, & x>0,\\ 0, & 其他,\end{cases}$其中$\theta>0$为未知,又$(X_1, X_2, \cdots, X_n)$是$X$的一样本,则$\overline{X}$和$nX_{(1)}=n\min\{X_1, X_2, \cdots, X_n\}$都是$\theta$的无偏估计.

证明:由题意,得$E(\overline{X})=E(X)=\theta$,则$\overline{X}$是$\theta$的无偏估计.

而$X_{(1)}=\min\{X_1, X_2, \cdots, X_n\}$服从参数为$\dfrac{\theta}{n}$的指数分布,其概率密度为

$$f_{\min}(x;\theta)=\begin{cases}\dfrac{n}{\theta}e^{-\frac{nx}{\theta}}, & x>0,\\ 0, & 其他.\end{cases}$$

所以$E(X_{(1)})=\dfrac{\theta}{n}$,$E(nX_{(1)})=\theta$即$nX_{(1)}$是$\theta$的无偏估计.事实上,$(X_1, X_2, \cdots, X_n)$中的每一个分量均可作为$\theta$的无偏估计.

那么,究竟哪个无偏估计更好、更合理,这就看哪个估计量的观察值更接近真实值的附近,即估计量的观察值更密集的分布在真实值的附近.我们知道,方差是反映随机变量取值的分散程度.所以无偏估计以方差最小者最好、最合理.为此引入了估计量的有效性概念.

二、有效性

定义3.5 设$\hat{\theta}_1=\hat{\theta}_1(X_1, X_2, \cdots, X_n)$与$\hat{\theta}_2=\hat{\theta}_2(X_1, X_2, \cdots, X_n)$都是$\theta$的无偏估计量,若有$D(\hat{\theta}_1)<D(\hat{\theta}_2)$,则称$\hat{\theta}_2$比$\hat{\theta}_2$更有效.若对任何$\theta$的无偏估计$\hat{\theta}$都有:

$$D(\hat{\theta}_0) \leqslant D(\hat{\theta}),$$

则称 $\hat{\theta}_0$ 为 θ 的最小方差无偏估计.

定义 3.6 (均方误差(MSE)) 设 $\hat{\theta}(X_1, X_2, \cdots, X_n)$ 是未知参数 θ 的估计量,则估计量 $\hat{\theta}$ 的**均方误差**定义为

$$MSE = E[(\hat{\theta} - \theta)^2].$$

MSE 的下述重要的结论:

$$
\begin{aligned}
MSE(\hat{\theta}, \theta) &= E[(\hat{\theta} - \theta)^2] = E\{[(\hat{\theta} - E(\hat{\theta})) - (\theta - E(\hat{\theta}))]^2\} \\
&= E[\hat{\theta} - E(\hat{\theta})]^2 + (\theta - E(\hat{\theta}))^2 - 2(\theta - E(\hat{\theta}))E[\hat{\theta} - E(\hat{\theta})] \\
&= \mathrm{var}(\hat{\theta}) + b(\theta, \hat{\theta})^2.
\end{aligned}
$$

上述结论表明:估计量 $\hat{\theta}$ 的 MSE 可以分解成为估计量 $\hat{\theta}$ 的方差和平方偏差这两部分.

定义 3.7(均方误差准则) 设 $\varphi_1 = (X_1, X_2, \cdots, X_n)$ 和 $\varphi_2 = (X_1, X_2, \cdots, X_n)$ 都是 $g(\theta)$ 的估计量,如果对一切 $\theta \in \Theta$ 都有

$$E_\theta[\varphi_1(X_1, X_2, \cdots, X_n) - g(\theta)]^2 \leqslant E_\theta[\varphi_2(X_1, X_2, \cdots, X_n) - g(\theta)]^2,$$

且存在 $\theta_0 \in \Theta$,有严格不等号成立,则称 $\boldsymbol{\varphi_1}$ **比** $\boldsymbol{\varphi_2}$ **有效**.

例 10. 设 X_1、X_2、X_3 为来自总体 $U[0, \theta]$ 的一个样本,证明:

$$\hat{\theta}_1 = \frac{4}{3}\max_{1 \leqslant i \leqslant 3}\{X_i\} = \frac{4}{3}X_{(3)}, \quad \hat{\theta}_2 = 4\min_{1 \leqslant i \leqslant n}\{X_i\} = 4X_{(1)}$$

都是 θ 的无偏估计并指出哪一个更有效.

解: 由题意,得 $X_{(3)}$ 的概率密度为

$$f_3(x) = 3[F(x)]^2 f(x) = \begin{cases} \dfrac{3}{\theta^3}x^2, & 0 \leqslant x \leqslant \theta, \\ 0, & \text{其他.} \end{cases}$$

则

$$E(\hat{\theta}_1) = \frac{4}{3}E[X_{(3)}] = \frac{4}{3}\int_0^\theta x\frac{3}{\theta^3}x^2\,\mathrm{d}x = \theta,$$

$$D\hat{\theta}_1 = E(\hat{\theta}_1^2) - (E\hat{\theta}_1)^2 = \frac{1}{15}\theta^2.$$

而 $X_{(1)}$ 的概率密度为

$$f_1(x) = 3[1 - F(x)]^2 f(x) = \begin{cases} 3\left(1 - \dfrac{x}{\theta}\right)^2 \dfrac{1}{\theta}, & 0 \leqslant x \leqslant \theta, \\ 0, & \text{其他.} \end{cases}$$

则

$$E\hat{\theta}_2 = 4E[X_{(1)}] = \theta, \quad D(\hat{\theta}_2) = \frac{2}{5}\theta.$$

故 $\hat{\theta}_1$ 比 $\hat{\theta}_2$ 有效.

三、一致性(相合性)

关于无偏性和有效性是在样本容量固定的条件下提出的,我们不仅希望一个估计量是无偏的,而且是有效的,自然希望伴随样本容量的增大,估计值能稳定于待估参数的真值,为此引入一致性概念.

定义 3.8 设 $g(\theta)$ 的估计量为 $\varphi(X_1, X_2, \cdots, X_n)$,如果对任意的 $\varepsilon > 0$,都有

$$\lim_{n \to \infty} P_\theta \{ | \varphi(X_1, X_2, \cdots, X_n) - g(\theta) | < \varepsilon \} = 1 \tag{3.4}$$

则称 φ 为 $g(\theta)$ 的**相合估计量**.

定理 3.2 如果 $\hat{\theta}$ 为参数 θ 的一个渐近无偏估计量且 $\lim_{n \to \infty} D(\hat{\theta}) = 0$,则 $\hat{\theta}$ 为参数 θ 的一个一致性估计量.

证明:由马尔科夫夫不等式,对任何的 $\varepsilon > 0$,我们有

$$P\{ | \hat{\theta} - \theta | \geqslant \varepsilon \} < \frac{E((\hat{\theta} - \theta)^2)}{\varepsilon^2}$$

$$= \frac{1}{\varepsilon^2} E((\hat{\theta} - E\hat{\theta} + E\hat{\theta} - \theta)^2)$$

$$= \frac{1}{\varepsilon^2} [E((\hat{\theta} - E\hat{\theta})^2) + 2(E\hat{\theta} - \theta)E(\hat{\theta} - E\hat{\theta}) + (E\hat{\theta} - \theta)^2]$$

$$= \frac{1}{\varepsilon^2} [D(\hat{\theta}) + (E\hat{\theta} - \theta)^2].$$

因为 $\lim_{n \to \infty} E(\hat{\theta}) = \theta$,$\lim_{n \to \infty} D(\hat{\theta}) = 0$,所以

$$\lim_{n \to \infty} P\{ | \hat{\theta} - \theta | \geqslant \varepsilon \} = 0,$$

即 $\hat{\theta}$ 为参数 θ 的一个一致性估计量.

例 11. 设总体的均值 μ 与方差 σ^2 都存在,试证样本均值 $\overline{X}$ 是 μ 的一致估计.

证明:因为 $E(\overline{X} - \mu)^2 = D(\overline{X}) = \frac{1}{n}\sigma^2$,由切比雪夫不等式,当 $n \to \infty$ 时,

$$P(| \overline{X} - \mu | > \varepsilon) \leqslant \frac{D(\overline{X})}{\varepsilon^2} = \frac{\sigma^2}{n\varepsilon^2} \to 0,$$

所以 $\overline{X}$ 是 μ 的一致估计.

不过,一致性只有在 n 相当大时,才能显示其优越性,而在实际中,往往很难达到,因此,在实际工作中,关于估计量的选择要根据具体问题而定.

第四节 区间估计

从点估计中,我们知道:如果只是对总体的某个未知参数 θ 的值进行统计推断,那么

点估计是一种很有用的形式,即只要得到样本观测值$(x_1, x_2, \cdots, x_n)$,点估计值$\hat{\theta}(x_1, x_2, \cdots, x_n)$能给我们对$\theta$的值有一个明确的数量概念.但是$\hat{\theta}(x_1, x_2, \cdots, x_n)$仅仅是$\theta$的一个近似值,它并没有反映出这个近似值的误差范围,这对实际工作来说是不方便的,而区间估计正好弥补了点估计的这个缺陷.前面我们知道:区间估计是指由两个取值于Θ的统计量$\hat{\theta}_1$、$\hat{\theta}_2$组成一个区间,对于一个具体问题得到的样本观测值之后,便给出了一个具体的区间$[\hat{\theta}_1, \hat{\theta}_2]$,使参数$\theta$尽可能地落在该区间内.

事实上,由于$\hat{\theta}_1$、$\hat{\theta}_2$是两个统计量,所以$[\hat{\theta}_1, \hat{\theta}_2]$实际上是一个随机区间,它覆盖$\theta$(即$\theta \in [\hat{\theta}_1, \hat{\theta}_2]$)就是一个随机事件,而$P\{\theta \in [\hat{\theta}_1, \hat{\theta}_2]\}$就反映了这个区间估计的**可信程度**;另一方面,区间长度$\hat{\theta}_2 - \hat{\theta}_1$也是一个随机变量,$E(\hat{\theta}_2 - \hat{\theta}_1)$反映了区间估计的**精确程度**.我们自然希望反映可信程度越大越好,反映精确程度的区间长度越小越好.但在实际问题,二者常常不能兼顾.为此,这里引入置信区间的概念,并给出在一定可信程度的前提下求置信区间的方法,使区间的平均长度最短.

一、置信区间的概念

设$\bar{\theta}(X_1, X_2, \cdots, X_n)$、$\underline{\theta}(X_1, X_2, \cdots, X_n)$是两个统计量,且满足$\underline{\theta} \leqslant \bar{\theta}$,则称$[\underline{\theta}, \bar{\theta}]$为一随机区间.

定义 3.9　对于给定的正数$\alpha(0 < \alpha < 1)$(通常取$\alpha = 0.05$或0.01、0.10),如果对一切$\theta \in \Theta$都有

$$P\{\underline{\theta}(X_1, X_2, \cdots, X_n) \leqslant g(\theta) \leqslant \bar{\theta}(X_1, X_2, \cdots, X_n)\} = 1 - \alpha, \tag{3.5}$$

则称$[\underline{\theta}, \bar{\theta}]$为$g(\theta)$的置信度为$1 - \alpha$的**置信区间**,称$1 - \alpha$为置信区间的**置信度**,称$\underline{\theta}$、$\bar{\theta}$分别为**置信下限**和**置信上限**.

定义 3.9 中,$(*)$式的**意义**在于:若反复抽样多次,每个样本观测值确定一个区间$[\underline{\theta}, \bar{\theta}]$,每个这样的区间要么包含$\theta$的真值,要么不包含$\theta$的真值,根据 Bernoulli 大数定律,在这样多的区间中,包含θ真值的约占$1 - \alpha$,不包含θ真值的约仅占α,比如,$\alpha = 0.005$,反复抽样 1000 次,则得到的 1000 个区间中不包含θ真值的区间仅为 5 个.

引例　某旅游社为调查当地每一旅游者的平均消费额,随机访问了 100 名旅游者,得知平均消费额$\bar{X} = 80$(元).根据经验,已知旅游者的消费额服从正态分布$N(\mu, \sigma^2)$,且标准差$\sigma = 12$(元),那么该地旅游者平均消费额μ的置信度为 95% 的置信区间是什么?

设旅游者消费额为X,且知$X \sim N(\mu, 12^2)$,此题是求μ的置信区间问题.

(1) 找μ的较好点估计(极大似然估计或无偏估计),$\mu = \bar{X}$.

(2) 为使$P\{|\mu - \bar{X}| < K_\alpha\} = 1 - \alpha = 95\%$,要选有关$\mu$与$\bar{X}$的函数且能确定其分布.

此时已知σ,$U = \dfrac{\bar{X} - \mu}{\sigma/\sqrt{n}} \sim N(0, 1)$,称$U$为**枢轴变量**.对给定的$1 - \alpha = 0.95$,使

$$P\left\{\frac{|\bar{X} - \mu|}{\sigma/\sqrt{n}} < u_{\frac{\alpha}{2}}\right\} = 1 - \alpha.$$

(3) 将不等式 $\dfrac{|\overline{X}-\mu|}{\sigma/\sqrt{n}} < \mu_{\frac{\alpha}{2}}$ 等价变形

$$\overline{X} - u_{\frac{\alpha}{2}}\frac{\sigma}{\sqrt{n}} < \mu < \overline{X} + u_{\frac{\alpha}{2}}\frac{\sigma}{\sqrt{n}}.$$

计算得

$$A = \overline{X} - u_{\frac{\alpha}{2}}\frac{\sigma}{\sqrt{n}} = 77.6, \quad B = \overline{X} + u_{\frac{\alpha}{2}}\frac{\sigma}{\sqrt{n}} = 82.4,$$

于是,当地每位旅游者置信度为 95% 的平均消费额在 $[77.6\,元, 82.4\,元]$ 之间.

置信区间的一般求法(枢轴量法):

(1) 从 θ 的一个较好点估计 $\hat{\theta}(X_1, X_2, \cdots, X_n)$ 出发,构造 θ 与 $\hat{\theta}$ 的一个函数 $H(\hat{\theta}(X_1, X_2, \cdots, X_n), \theta)$,且知其分布又与 θ 无关,函数 H 称为<u>枢轴变量</u>.

(2) 记 H 的上 $\dfrac{\alpha}{2}$ 分位数和上 $1-\dfrac{\alpha}{2}$ 分位数分别为 $h_{\frac{\alpha}{2}}$ 和 $h_{1-\frac{\alpha}{2}}$,使对给定的 $\alpha (0 < \alpha < 1)$,有

$$P\{h_{1-\frac{\alpha}{2}} \leqslant H(\hat{\theta}(X_1, X_2 \cdots X_n), \theta) \leqslant h_{\frac{\alpha}{2}}\} = 1-\alpha.$$

利用不等式运算,将不等式 $h_{1-\frac{\alpha}{2}} \leqslant H(\hat{\theta}(X_1, X_2 \cdots X_n), \theta) \leqslant h_{\frac{\alpha}{2}}$ 进行等价变形,使得最后得到形如:

$$A(x_1, x_2, \cdots, x_n) \leqslant \theta \leqslant B(x_1, x_2, \cdots, x_n)$$

的不等式. 则 $[A, B]$ 就是 θ 的置信度为 $1-\alpha$ 的置信区间,此时有:

$$P(A \leqslant \theta \leqslant B) = P(h_{1-\frac{\alpha}{2}} \leqslant H \leqslant h_{\frac{\alpha}{2}}) = 1-\alpha.$$

定义 3.10 $d = \dfrac{h_{\frac{\alpha}{2}} - h_{1-\frac{\alpha}{2}}}{2}$ 叫<u>区间半径</u>,$L = 2d$ 或 $L = B - A$ 叫<u>区间长度</u>.

二、正态总体的参数的区间估计

(一) 一个正态总体的均值、方差的置信区间

设总体 $X \sim N(\mu, \sigma^2)$,$X_1, X_2, \cdots, X_n$ 是来自总体 X 的样本,$x_1, x_2, \cdots, x_n$ 为样本观测值.

(1) σ^2 已知,均值 μ 的置信度为 $1-\alpha$ 的置信区间为

$$\left(\overline{X} - u_{\alpha/2}\frac{\sigma}{\sqrt{n}}, \ \overline{X} + u_{\alpha/2}\frac{\sigma}{\sqrt{n}}\right). \tag{3.6}$$

证明: 因为 $\overline{X} \sim N\left(\mu, \dfrac{\sigma^2}{n}\right)$,所以 $U = \dfrac{\overline{X}-\mu}{\sigma/\sqrt{n}} \sim N(0, 1)$,由 $P\{|U| < u_{\alpha/2}\} = 1-\alpha$,得 μ 的置信区间

$$\left(\overline{X} - u_{\alpha/2}\frac{\sigma}{\sqrt{n}}, \ \overline{X} + u_{\alpha/2}\frac{\sigma}{\sqrt{n}}\right),$$

其中 $u_{\alpha/2}$ 满足

$$\int_{-u_{\alpha/2}}^{u_{\alpha/2}} \frac{1}{\sqrt{2\pi}} \mathrm{e}^{-\frac{x^2}{2}} \mathrm{d}x = 1-\alpha.$$

(2) σ^2 未知, 均值 μ 的置信度为 $1-\alpha$ 的置信区间为:

$$\left(\overline{X} - t_{\frac{\alpha}{2}}(n-1)\frac{S}{\sqrt{n}}, \ \overline{X} + t_{\frac{\alpha}{2}}(n-1)\frac{S}{\sqrt{n}}\right). \tag{3.7}$$

证明: 因为 $T = \dfrac{\overline{X}-\mu}{\sqrt{S^2/n}} \sim t(n-1)$, 所以由 $P\{|T| < t_{\alpha/2}\} = 1-\alpha$, 得 μ 的置信度为 $1-\alpha$ 的置信区间

$$\left(\overline{X} - t_{\frac{\alpha}{2}}(n-1)\frac{S}{\sqrt{n}}, \ \overline{X} + t_{\frac{\alpha}{2}}(n-1)\frac{S}{\sqrt{n}}\right),$$

其中 $t_{\frac{\alpha}{2}}$ 满足:

$$P\left\{-t_{\frac{\alpha}{2}}(n-1) < \frac{(\overline{X}-\mu)\sqrt{n}}{S} < t_{\frac{\alpha}{2}}(n-1)\right\} = 1-\alpha.$$

例12. 为测定某种矿沙的镍含量(%), 共抽取了五个样品, 其镍含量分别为

$$3.25, \ 3.27, \ 3.24, \ 3.26, \ 3.24,$$

且测定值 $X \sim N(\mu, \sigma^2)$, 试在以下两种情形下, 分别求出此种矿沙镍含量之均值 μ 的置信区间.

(1) 总体方差 $\sigma^2 = 0.014$ 为已知; (2) 总体方差 $\sigma^2(\sigma > 0)$ 为未知. ($\alpha = 0.05$)

解: 由题意, 得 $n = 5$, $\bar{x} = 3.252$, $s^2 = 0.00017$.

(1) 总体方差 σ^2 已知, 考虑统计量 $U = \dfrac{\overline{X}-\mu}{\sigma/\sqrt{n}} \sim N(0, 1)$, 则置信区间为

$\left(\bar{x} - u_{\alpha/2}\dfrac{\sigma}{\sqrt{n}}, \ \bar{x} + u_{\alpha/2}\dfrac{\sigma}{\sqrt{n}}\right)$, 查表得 $u_{0.025} = 1.96$, 所以 μ 的置信度为 0.95 的置信区间为

$$\left(3.252 - \sqrt{\frac{0.014}{5}} \times 1.96, \ 3.252 + \sqrt{\frac{0.014}{5}} \times 1.96\right) = (3.148, 3.356).$$

(2) 总体方差 σ^2 未知, 考虑统计量 $T = \dfrac{\overline{X}-\mu}{\sqrt{S^2/n}} \sim t(n-1)$, 置信区间为

$$\left(\bar{x} - \frac{s}{\sqrt{n}}t_{\alpha/2}(n-1), \ \bar{x} + \frac{s}{\sqrt{n}}t_{\alpha/2}(n-1)\right).$$

查表得 $t_{0.025}(4) = 2.7764$, 所以 μ 的置信度为 0.95 的置信区间为

$$\left(3.252 - 2.7764 \times \sqrt{\frac{0.00017}{5}}, \ 3.252 + 2.7764 \times \sqrt{\frac{0.00017}{5}}\right) = (3.2358, 3.2682).$$

例13. 设总体 $X \sim N(\mu, \sigma^2)$, μ 未知, σ^2 已知, 为使总体均值 μ 的置信水平为 $1-\alpha$ 的置信区间长度为 l, 则应抽取的样本容量 n 最少应为 _____.

分析 在方差 σ^2 已知的条件下,均值 μ 的置信区水平 $1-\alpha$ 的置信区间为

$$\left(\overline{X}-\frac{\sigma}{\sqrt{n}}u_{\frac{\alpha}{2}},\ \overline{X}+\frac{\sigma}{\sqrt{n}}u_{\frac{\alpha}{2}}\right),$$

其区间长度为 $2\dfrac{\sigma}{\sqrt{n}}u_{\frac{\alpha}{2}}$,为使 $2\dfrac{\sigma}{\sqrt{n}}u_{\frac{\alpha}{2}}\leqslant 1$,最少应为 $\dfrac{4\sigma^2 u_{\frac{\alpha}{2}}^2}{l^2}$.

解:应填 $\dfrac{4\sigma^2 u_{\frac{\alpha}{2}}^2}{l^2}$.

(3) μ 未知,方差 σ^2 的置信度为 $1-\alpha$ 的置信区间为:

$$\left(\frac{(n-1)s^2}{\chi_{\frac{\alpha}{2}}^2(n-1)},\ \frac{(n-1)s^2}{\chi_{1-\frac{\alpha}{2}}^2(n-1)}\right). \tag{3.8}$$

σ 的 $1-\alpha$ 的置信区间为:

$$\left(\sqrt{\frac{(n-1)s^2}{\chi_{\frac{\alpha}{2}}^2(n-1)}},\ \sqrt{\frac{(n-1)s^2}{\chi_{1-\frac{\alpha}{2}}^2(n-1)}}\right).$$

证明:因为 $\chi^2=\dfrac{(n-1)S^2}{\sigma^2}=\dfrac{1}{\sigma^2}\sum_{i=1}^{n}(X_i-\overline{X})^2\sim\chi^2(n-1)$,所以由

$$P\{\chi^2>\chi_{\alpha/2}^2(n-1)\}=\alpha/2 \text{ 和 } P\{\chi^2<\chi_{1-\alpha/2}^2(n-1)\}=\alpha/2,$$

得方差 σ^2 的置信区间为

$$\left(\frac{(n-1)S^2}{\chi_{\frac{\alpha}{2}}^2(n-1)},\ \frac{(n-1)S^2}{\chi_{1-\frac{\alpha}{2}}^2(n-1)}\right),$$

均方差 σ 的置信区间为

$$\left(\sqrt{\frac{(n-1)S^2}{\chi_{\frac{\alpha}{2}}^2(n-1)}},\ \sqrt{\frac{(n-1)S^2}{\chi_{1-\frac{\alpha}{2}}^2(n-1)}}\right).$$

例 14. 设总体 $X\sim N(u,\sigma^2)$,$x_1,x_2,\cdots,x_{10}$ 为其样本的观测值,试求参数 σ^2 的置信度为 0.95 的置信区间(其中 $\sum_{i=1}^{10}(x_i-\overline{x})^2=22.4$).

解:因为 $n=10$,$s^2=\dfrac{22.4}{9}$,查表得 $\chi_{0.025}^2(9)=19.023$,$\chi_{0.975}^2(9)=2.70$,所以 σ^2 的置信度为 0.95 的置信区间为

$$\left(\frac{(n-1)S^2}{\chi_{\frac{\alpha}{2}}^2(n-1)},\ \frac{(n-1)S^2}{\chi_{1-\frac{\alpha}{2}}^2(n-1)}\right)=(1.1775,8.2963).$$

(二)两个正态总体均值差方差比的置信区间

总体	样本	均值	样本方差
$X\sim N(\mu_1,\sigma_1^2)$	$X_1,X_2,\cdots,X_n$	$\overline{X}$	S_1^2
$Y\sim N(\mu_2,\sigma_2^2)$	$Y_1,Y_2,\cdots,Y_n$	$\overline{Y}$	S_2^2

两个样本总体相互独立.

(1) σ_1^2、σ_2^2 已知,均值差 $\mu_1-\mu_2$ 的置信度为 $1-\alpha$ 的置信区间为

$$\left((\overline{X}-\overline{Y})-u_{\alpha/2}\sqrt{\frac{\sigma_1^2}{n_1}+\frac{\sigma_2^2}{n_2}},\ (\overline{X}-\overline{Y})+u_{\alpha/2}\sqrt{\frac{\sigma_1^2}{n_1}+\frac{\sigma_2^2}{n_2}}\right). \tag{3.9}$$

证明: 因为 $U=\dfrac{\overline{X}-\overline{Y}-(\mu_2-\mu_2)}{\sqrt{\dfrac{\sigma_1^2}{n_1}+\dfrac{\sigma_2^2}{n_2}}}\sim N(0,1)$,由 $P\{|U|<u_{\alpha/2}\}=1-\alpha$,得 $\mu_1-\mu_2$

的置信度为 $1-\alpha$ 的置信区间为

$$\left((\overline{X}-\overline{Y})-u_{\alpha/2}\sqrt{\frac{\sigma_1^2}{n_1}+\frac{\sigma_2^2}{n_2}},\ (\overline{X}-\overline{Y})+u_{\alpha/2}\sqrt{\frac{\sigma_1^2}{n_1}+\frac{\sigma_2^2}{n_2}}\right).$$

例 15. 设两总体 $X\sim N(\mu_1,64)$,$Y\sim N(\mu_2,36)$ 相互独立,从总体 X 中抽取 $n_1=75$ 的样本,$\bar{x}=82$,从总体 Y 中抽取 $n_2=50$ 的样本,$\bar{y}=76$,试求 $\mu_1-\mu_2$ 的置信度为 95% 的置信区间.

解: 因为 $n_1=75$,$\bar{x}=82$,$n_2=50$,$\bar{y}=76$,查表的 $u_{0.025}=1.96$,所以 $\mu_1-\mu_2$ 的置信度为 95% 的置信区间

$$\left((82-76)-1.96\times\sqrt{\frac{64}{75}+\frac{36}{50}},\ (82-76)+1.96\times\sqrt{\frac{64}{75}+\frac{36}{50}}\right)=(3.5415,8.4585).$$

(2) σ_1^2、σ_2^2 未知,但 $\sigma_1^2=\sigma_2^2=\sigma^2$,$\mu_1-\mu_2$ 的置信度为 $1-\alpha$ 的置信区间为

$$\left((\overline{X}-\overline{Y})-t_{\alpha/2}S_w\sqrt{\frac{1}{n_1}+\frac{1}{n_2}},\ (\overline{X}-\overline{Y})+t_{\alpha/2}S_w\sqrt{\frac{1}{n_1}+\frac{1}{n_2}}\right) \tag{3.10}$$

其中 $S_w^2=\dfrac{(n_1-1)S_1^2+(n_2-1)S_2^2}{n_1+n_2-2}$.

证明: 因为 $T=\dfrac{(\overline{X}-\overline{Y})-(\mu_1-\mu_2)}{S_w\sqrt{\dfrac{1}{n_1}+\dfrac{1}{n_2}}}\sim t(n_1+n_2-2)$,其中 $S_w^2=$

$\dfrac{(n_1-1)S_1^2+(n_2-1)S_2^2}{n_1+n_2-2}$,所以由 $P\{|T|<t_{\alpha/2}\}=1-\alpha$,得 $\mu_1-\mu_2$ 的置信度为 $1-\alpha$ 的置信区间为

$$\left((\overline{X}-\overline{Y})-t_{\alpha/2}(n_1+n_2-2)S_w\sqrt{\frac{1}{n_1}+\frac{1}{n_2}},\ (\overline{X}-\overline{Y})+t_{\alpha/2}(n_1+n_2-2)S_w\sqrt{\frac{1}{n_1}+\frac{1}{n_2}}\right).$$

例 16. 设甲、乙两人加工同一种产品,其产品的直径分别为随机变量 X、Y 且 $X\sim N(\mu_1,\sigma_1^2)$,$Y\sim N(\mu_2,\sigma_2^2)$. 今从它们的产品中分别抽取若干进行检测,测得数据如下:$n_1=8$,$\bar{x}=19.93$,$s_1^2=0.216$,$n_2=7$,$\bar{y}=20.00$,$s_2^2=0.397$,假设 $\sigma_1^2=\sigma_2^2=\sigma^2$。求 $\mu_1-\mu_2$ 的置信度为 95% 的置信区间.

解: 因为 $\sigma_1^2=\sigma_2^2$ 未知,且 $n_1=8$,$\bar{x}=19.93$,$s_1^2=0.216$,$n_2=7$,$\bar{y}=20.00$,$s_2^2=0.397$,查表的 $t_{0.025}(13)=2.1604$,所以置信区间为

$$\left((\bar{x} - \bar{y}) - s_w \times t_{0.025}(13) \cdot \sqrt{\frac{1}{8} + \frac{1}{7}}, \ (\bar{x} - \bar{y}) + s_w \times t_{0.025}(13) \cdot \sqrt{\frac{1}{8} + \frac{1}{7}} \right)$$

$$= \left(-0.07 - 0.547 \times 2.1604 \sqrt{\frac{1}{8} + \frac{1}{7}}, \ -0.07 + 0.547 \times 2.1604 \sqrt{\frac{1}{8} + \frac{1}{7}} \right)$$

$$= (-0.682, \ 0.542).$$

(3) μ_1、μ_2 未知，方差比 $\dfrac{\sigma_1^2}{\sigma_2^2}$ 的置信区间为：

$$\left(\frac{S_1^2 / S_2^2}{F_{\frac{\alpha}{2}}(n_1 - 1, \ n_2 - 1)}, \ \frac{S_1^2 / S_2^2}{F_{1 - \frac{\alpha}{2}}(n_1 - 1, \ n_2 - 1)} \right).$$

证明： 因为

$$F = \frac{S_1^2 / \sigma_1^2}{S_2^2 / \sigma_2^2} = \frac{\dfrac{1}{n_1 - 1} \sum\limits_{i=1}^{n_1} \left(\dfrac{X_i - \overline{X}}{\sigma_1} \right)^2}{\dfrac{1}{n_2 - 1} \sum\limits_{i=1}^{n_2} \left(\dfrac{Y_i - \overline{Y}}{\sigma_2} \right)^2} \sim F(n_1 - 1, \ n_2 - 1),$$

所以由 $P\{F_{1 - \frac{\alpha}{2}}(n_1 - 1, \ n_2 - 1) < F < F_{\frac{\alpha}{2}}(n_1 - 1, \ n_2 - 1)\} = 1 - \alpha$，得方差比 $\dfrac{\sigma_1^2}{\sigma_2^2}$ 的置信度为 $1 - \alpha$ 的置信区间

$$\left(\frac{S_1^2}{F_{\frac{\alpha}{2}}(n_1 - 1, \ n_2 - 1) S_2^2}, \ \frac{S_1^2}{F_{1 - \frac{\alpha}{2}}(n_1 - 1, \ n_2 - 1) S_2^2} \right).$$

例17. 甲、乙两车间生产某种产品，随机抽取甲、乙车间的生产产品进行检测，数据如下：$n_1 = 18$，$s_1^2 = 0.34(\text{mm}^2)$，$n_2 = 13$，$s_2^2 = 0.29(\text{mm}^2)$. 设两车间产品相互独立，且分别服从正态分布 $N(\mu_1, \ \sigma_1^2)$、$N(\mu_2, \ \sigma_2^2)$，其中 μ_i、$\sigma_i^2 (i = 1, \ 2)$ 均未知，求方差比 σ_1^2 / σ_2^2 的置信度为 0.95 的置信区间.

解： 由题意，得 $n_1 = 18$，$n_2 = 13$，$s_1^2 = 0.34$，$s_2^2 = 0.29$，查表得：$F_{0.05}(17, \ 12) = 2.59$，$F_{0.05}(12, \ 17) = 2.38$，

则 $F_{0.95}(17, \ 12) = \dfrac{1}{F_{0.05}(12, \ 17)} = \dfrac{1}{2.38}$，所以两总体方差比 $\dfrac{\sigma_1^2}{\sigma_2^2}$ 的 95% 的置信区间为

$$\left(\frac{s_1^2}{F_{\frac{\alpha}{2}}(n_1 - 1, \ n_2 - 1) s_2^2}, \ \frac{s_1^2}{F_{1 - \frac{\alpha}{2}}(n_1 - 1, \ n_2 - 1) s_2^2} \right)$$

$$= \left(\frac{0.34}{0.29} \times \frac{1}{2.59}, \ \frac{0.34}{0.29} \times 2.38 \right) = (0.45, \ 2.97).$$

(4) μ_1、μ_2 已知，$\dfrac{\sigma_1^2}{\sigma_2^2}$ 的置信度为 $1 - \alpha$ 的置信区间为：

$$\left(\frac{n_2}{n_1} \frac{\sum\limits_{i=1}^{n_1} (X_i - \mu_1)^2 \Big/ \sum\limits_{j=1}^{n_2} (Y_j - \mu_2)^2}{F_{\frac{\alpha}{2}}(n_1, \ n_2)}, \ \frac{n_2}{n_1} \frac{\sum\limits_{i=1}^{n_1} (X_i - \mu_1)^2 \Big/ \sum\limits_{j=1}^{n_2} (Y_j - \mu_2)^2}{F_{1 - \frac{\alpha}{2}}(n_1, \ n_2)} \right).$$

三、单侧置信区间

设 θ 为总体 X 的一个未知分布参数，X_1，X_2，$\cdots$，X_n 为总体的随机样本. 若由样本确定的统计量 $\underline{\theta}(X_1，X_2，\cdots，X_n)$，对于给定的 $\alpha(0<\alpha<1)$ 满足：

$$P\{\theta>\underline{\theta}(X_1，X_2，\cdots，X_n)\}\geqslant 1-\alpha \tag{3.11}$$

则称随机区间 $(\underline{\theta}，+\infty)$ 为 θ 的置信水平为 $1-\alpha$ 的单侧置信区间，$\underline{\theta}$ 称为 θ 的置信水平为 $1-\alpha$ 的单侧置信下限.

若由样本确定的统计量 $\overline{\theta}(X_1，X_2，\cdots，X_n)$，对于给定的 $\alpha(0<\alpha<1)$ 满足：

$$P\{\theta<\overline{\theta}(X_1，X_2，\cdots，X_n)\}\geqslant 1-\alpha \tag{3.12}$$

则称随机区间 $(-\infty，\overline{\theta})$ 为 θ 的置信水平为 $1-\alpha$ 的单侧置信区间，$\overline{\theta}$ 称为 θ 的置信水平为 $1-\alpha$ 的单侧置信上限.

例18. 从某批灯泡中随机抽取 10 只做寿命试验，测得 $\bar{x}=1500\,\mathrm{h}$，$s=20\,\mathrm{h}$，设灯泡寿命服从正态分布，试求平均寿命的 95% 的单侧置信下限.

解：已知 $n=10$，$\bar{x}=1500$，$s=20$，$\alpha=0.05$，σ 未知，查表得 $t_{0.05}(9)=1.8331$，故平均寿命的 95% 的单侧置信区间为

$$\left(\bar{x}-\frac{s}{\sqrt{n}}t_\alpha(n-1)，+\infty\right)=\left(1500-1.8331\times\frac{20}{\sqrt{10}}，+\infty\right)=(1488.41，+\infty)，$$

所以，平均寿命的 95% 的单侧置信下限为 1488.41.

四、非正态总体参数的区间估计

对于非正态总体，因其确切的抽样分布往往难以求出，这时进行参数的区间估计时有一定的困难. 但我们可以求出某些统计量在大样本条件下的近似分布，这样将问题的本质又归结于正态总体情形.

例如，设总体 $X\sim B(1，p)$，其中 p 为未知参数，X_1，X_2，$\cdots$，X_n 为来自总体 X 的样本，则由德莫佛-拉普拉斯大数定理知：当样本容量 n 很大时，有

$$\frac{\sum\limits_{i=1}^{n}X_i-np}{\sqrt{np(1-p)}}\overset{d}{\sim}N(0，1).$$

于是，对于给定的 $\alpha(0<\alpha<1)$，我们有

$$P\left\{\left|\frac{\sum\limits_{i=1}^{n}X_i-np}{\sqrt{np(1-p)}}\right|<u_{\alpha/2}\right\}\approx 1-\alpha，$$

即

$$P\left\{\left(\sum_{i=1}^{n} X_i\right)^2 - 2np\sum_{i=1}^{n} X_i + (np)^2 - (u_{\alpha/2})^2 np(1-p) < 0\right\} \approx 1-\alpha.$$

求解二次方程 $\left(\sum_{i=1}^{n} X_i\right)^2 - 2np\sum_{i=1}^{n} X_i + (np)^2 - (u_{\alpha/2})^2 np(1-p) = 0$,即

$$(n + u_{\alpha/2}^2)p^2 - (2n\overline{X} + u_{\alpha/2}^2)p + n\overline{X}^2 = 0$$

就可以得到 p 的置信度为 $1-\alpha$ 的置信区间.

在实际中,我们可以用 $\sqrt{n\hat{p}(1-\hat{p})}$ 来代替 $\sqrt{np(1-p)}$,其中,$\hat{p} = \dfrac{1}{n}\sum_{i=1}^{n} X_i$,则我们有

$$P\{\hat{p} - u_{\alpha/2}\sqrt{\hat{p}(1-\hat{p})/n} < p < \hat{p} + u_{\alpha/2}\sqrt{\hat{p}(1-\hat{p})/n}\} \approx 1-\alpha,$$

故 p 的置信度为 $1-\alpha$ 的置信区间为

$$(\hat{p} - u_{\alpha/2}\sqrt{\hat{p}(1-\hat{p})/n}, \ \hat{p} + u_{\alpha/2}\sqrt{\hat{p}(1-\hat{p})/n}). \tag{3.13}$$

例19. 在试验的 1000 个电子元件中,共有 100 个失效,试求整批产品的失效率的置信度为 95% 的置信区间.

解:记失效元件为"1",非失效元件为"0",失效率为 p,则总体 $X \sim B(1, p)$. 由题设 $n = 1000$,$\hat{p} = \bar{x} = \dfrac{1}{1000}\sum_{i=1}^{1000} x_i = 0.10$,$\alpha = 0.05$,查表得 $u_{0.025} = 1.96$,求解方程:

$$(n + u_{\alpha/2}^2)p^2 - (2n\bar{x} + u_{\alpha/2}^2)p + n\bar{x}^2 = 0,$$

即

$$(1000 + 1.96^2)p^2 - (2 \times 1000 \times 0.10 + 1.96^2)p + 1000 \times 0.1^2 = 0,$$

其解为 $p_1 = 0.0829$,$p_2 = 0.1202$,故整批产品的失效率的置信度为 95% 的置信区间为 $(0.0829, 0.1202)$.

或用 $\sqrt{n\hat{p}(1-\hat{p})}$ 来代替 $\sqrt{np(1-p)}$,则整批产品的失效率的置信度为 95% 的置信区间为:

$$(\hat{p} - u_{\alpha/2}\sqrt{\hat{p}(1-\hat{p})/n}, \ \hat{p} + u_{\alpha/2}\sqrt{\hat{p}(1-\hat{p})/n}) = (0.0814, 0.1186).$$

例20. 假设总体 X 具有概率密度函数:

$$f(x, \lambda) = \begin{cases} \lambda x^{-(\lambda+1)}, & x > 1, \ \lambda > 2, \\ 0, & \text{其他}, \end{cases}$$

$X_1, X_2, \cdots, X_n$ 为来自总体 X 的样本,试基于样本均值 $\overline{X}$ 给出总体均值 μ 的 95% 大样本区间估计.

解:因为

$$\mu = \int_1^{+\infty} \lambda x^{-\lambda}\mathrm{d}x = \frac{\lambda}{\lambda-1}, \quad \sigma^2 = D(X) = \int_1^{+\infty} \lambda x^{-\lambda+1}\mathrm{d}x - \mu^2 = \frac{\lambda}{\lambda-2} - \mu^2,$$

所以 $\sigma^2 = \dfrac{\mu(1-\mu)^2}{2-\mu}$. 由中心极限定理知：

$$\frac{\overline{X} - \mu}{\sqrt{\sigma^2/n}} \overset{d}{\sim} N(0, 1).$$

在 σ^2 中用 μ 的估计量 $\overline{X}$ 代替 μ，则当样本容量较大时，

$$\left(\overline{X} - 1.96 \times \sqrt{\frac{X(1-X)}{n(2-X)}}, \ \overline{X} + 1.96 \times \sqrt{\frac{X(1-X)}{n(2-X)}} \right)$$

为总体均值的近似 95% 的置信区间.

习题三

1. 设总体 $X \sim U(0, b)$，$b > 0$ 未知，$X_1, X_2, \cdots, X_9$ 是来自 X 的样本. 今测得一个样本值 0.5、0.6、0.1、1.3、0.9、1.6、0.7、0.9、1.0，求 b 的矩估计值.

2. 设总体 X 具有概率密度 $f_X(x) = \begin{cases} \dfrac{2}{\theta^2}(\theta - x), & 0 < x < \theta, \\ 0, & \text{其他}, \end{cases}$ 参数 θ 未知，X_1, $X_2, \cdots, X_n$ 是来自 X 的样本，求 θ 的矩估计量.

3. 设总体 $X \sim B(m, p)$，参数 m、$p(0 < p < 1)$ 未知，$X_1, X_2, \cdots, X_n$ 是来自 X 的样本，求 m、p 的矩估计量（对于具体样本值，若求得的 $\hat{m}$ 不是整数，则取与 $\hat{m}$ 最接近的整数作为 m 的估计值）.

4. (1) 设总体 $X \sim \pi(\lambda)$，$\lambda > 0$ 未知，$X_1, X_2, \cdots, X_n$ 是来自 X 的样本，$x_1, x_2, \cdots, x_n$ 是相应的样本值. 求 λ 的矩估计量及极大似然估计值.

(2) 元素碳-14 在半分钟内放射出到达计数器的粒子数 $X \sim \pi(\lambda)$，下面是 X 的一个样本：

$$6 \quad 4 \quad 9 \quad 6 \quad 10 \quad 11 \quad 6 \quad 3 \quad 7 \quad 10$$

求 λ 的极大似然估计值.

5. (1) 设 X 服从参数为 $p(0 < p < 1)$ 的几何分布，其分布律为

$$P\{X = x\} = (1-p)^{x-1} p, \ x = 1, 2, \cdots.$$

参数 p 未知. 设 $x_1, x_2, \cdots, x_n$ 是一个样本值，求 p 的极大似然估计值.

(2) 一个运动员，投篮的命中率为 $p(0 < p < 1$ 未知)，以 X 表示他投篮直至投中为止所需的次数. 他共投篮 5 次得到 X 的观察值为 5、1、7、4、9，求 p 的极大似然估计值.

6. (1) 设总体 $X \sim N(\mu, \sigma^2)$，参数 σ^2 已知，$\mu(-\infty < \mu < \infty)$ 未知，$x_1, x_2, \cdots, x_n$ 是来自 X 一个样本值. 求 μ 的极大似然估计值.

(2) 设总体 $X \sim N(\mu, \sigma^2)$，参数 μ 已知，$\sigma^2(\sigma > 0)$ 未知，$x_1, x_2, \cdots, x_n$ 为一相应的样本值. 求 σ^2 的极大似然估计值.

7. 设 X_1，X_2，$\cdots$，X_n 是总体 X 的一个样本，x_1，x_2，$\cdots$，x_n 为一相应的样本值.

(1) 若总体 X 的概率密度函数为 $f(x) = \begin{cases} \dfrac{x}{\theta^2} e^{-x/\theta}, & x > 0, \\ 0, & \text{其他}, \end{cases}$ $0 < \theta < \infty$，求参数 θ 的极大似然估计量和估计值；

(2) 若总体 X 的概率密度函数为 $f(x) = \begin{cases} \dfrac{x^2}{2\theta^3} e^{-x/\theta}, & x > 0, \\ 0, & \text{其他}, \end{cases}$ $0 < \theta < \infty$，求参数 θ 的极大似然估计值.

(3) 若总体 $X \sim B(m，p)$，m 已知，$0 < p < 1$ 未知，求 p 的极大似然估计值.

8. 设总体 X 具有分布律

X	1	2	3
p_k	θ^2	$2\theta(1-\theta)$	$(1-\theta)^2$

其中参数 $\theta(0 < \theta < 1)$ 未知. 已知取得样本值 $x_1 = 1$，$x_2 = 2$，$x_3 = 1$，试求 θ 的极大似然估计值.

9. 设总体 $X \sim N(\alpha+\beta，\sigma^2)$，$Y \sim N(\alpha-\beta，\sigma^2)$，$\alpha$、$\beta$ 未知，σ^2 已知，X_1，X_2，$\cdots$，X_n 和 Y_1，Y_2，$\cdots$，Y_n 分别是总体 X 和 Y 的样本，且两样本相互独立. 试求 α、β 极大似然估计量.

10. (1) 验证均匀分布 $U(0，\theta)$ 中的未知参数 θ 的矩估计量是无偏估计量；

(2) 设某种小型计算机一星期中的故障次数 $Y \sim \pi(\lambda)$，设 Y_1，Y_2，$\cdots$，Y_n 是来自总体 Y 的样本. ① 验证 $\bar{Y}$ 是 λ 的无偏估计量；② 设一星期中故障维修费为 $Z = 3Y + Y^2$，求 $E(Z)$；

(3) 验证 $U = 3\bar{Y} + \dfrac{1}{n}\sum_{i=1}^{n} Y_i^2$ 是 $E(Z)$ 的无偏估计量.

11. 已知 X_1、X_2、X_3、X_4 是来自均值为 θ 的指数分布总体的样本，其中 θ 未知. 设有估计量

$$T_1 = \frac{1}{6}(X_1+X_2) + \frac{1}{3}(X_3+X_4)，$$
$$T_2 = (X_1+2X_2+3X_3+4X_4)/5，$$
$$T_3 = (X_1+X_2+X_3+X_4)/4.$$

指出 T_1、T_2、T_3 中哪几个是 θ 的无偏估计量；在上述 θ 的无偏估计量中哪一个较为有效？

12. 以 X 表示某一工厂制造的某种器件的寿命（以小时计），设 $X \sim N(\mu，1296)$，今取得一容量为 $n=27$ 的样本，测得其样本均值为 $\bar{x}=1478$. 求：

(1) μ 的置信水平为 0.95 的置信区间；

(2) μ 的置信水平为 0.90 的置信区间.

13. 以 X 表示某种小包装糖果的重量（以 g 计），设 $X \sim N(\mu，4)$，今取得样本（容量

为 $n = 10$):

55.95,56.54,57.58,55.13,57.48,56.06,59.93,58.30,52.57,58.46.

求:(1) μ 的极大似然估计值;

(2) μ 的置信水平为 0.95 的置信区间.

14. 一农场种植生产果冻的葡萄,以下数据是从 30 车葡萄中采样测得的糖含量(以某种单位计)

16.0,15.2,12.0,16.9,14.4,16.3,15.6,12.9,15.3,15.1,

15.8,15.5,12.5,14.5,14.9,15.1,16.0,12.5,14.3,15.4,

15.4,13.0,12.6,14.9,15.1,15.3,12.4,17.2,14.7,14.8.

设样本来自正态总体 $N(\mu, \sigma^2)$,μ、σ^2 均未知.

(1) 求 μ、σ^2 的无偏估计值;

(2) 求 μ 的置信水平为 90% 的置信区间.

15. 一油漆商希望知道某种新的内墙油漆的干燥时间. 在面积相同的 12 块内墙上做试验,记录干燥时间(以分计),得样本均值 $\bar{x} = 66.3$ 分,样本标准差 $s = 9.4$ 分. 设样本来自正态总体 $N(\mu, \sigma^2)$,μ、σ^2 均未知. 求干燥时间的数学期望的置信水平为 0.95 的置信区间.

16. Macatawa 湖(位于密歇根湖的东侧)分为东、西两个区域. 下面的数据是取自西区的水的样本,测得其中的钠含量(以 ppm 计)如下:

13.0,18.5,16.4,14.8,19.4,17.3,23.2,24.9,

20.8,19.3,18.8,23.1,15.2,19.9,19.1,18.1,

25.1,16.8,20.4,17.4,25.2,23.1,15.3,19.4,

16.0,21.7,15.2,21.3,21.5,16.8,15.6,17.6.

设样本来自正态总体 $N(\mu, \sigma^2)$,μ、σ^2 均未知. 求 μ 的置信水平为 0.95 的置信区间.

17. 设 X 是春天捕到的某种鱼的长度(以 cm 计),设 $X \sim N(\mu, \sigma^2)$,μ、σ^2 均未知. 下面是 X 的一个容量为 $n = 13$ 的样本:

13.1,5.1,18.0,8.7,16.5,9.8,6.8,12.0,17.8,25.4,19.2,15.8,23.0.

(1) 求 σ^2 的无偏估计;

(2) 求 σ 的置信水平为 0.95 的置信区间.

18. 为比较两个学校同一年级学生数学课程的成绩,随机地抽取学校 A 的 9 个学生,得分数的平均值为 $\bar{x}_A = 81.31$,方差为 $s_A^2 = 60.76$;随机地抽取学校 B 的 15 个学生,得分数的平均值为 $\bar{x}_B = 78.61$,方差为 $s_B^2 = 48.24$. 设样本均来自正态总体且方差相等,参数均未知,两样本独立. 求均值差 $\mu_A - \mu_B$ 的置信水平为 0.95 的置信区间.

19. 设以 X、Y 分别表示有过滤嘴和无过滤嘴的香烟含煤焦油的量(以 mg 计),设 $X \sim N(\mu_X, \sigma_X^2)$,$Y \sim N(\mu_Y, \sigma_Y^2)$,$\mu_X$、$\mu_Y$、$\sigma_X^2$、$\sigma_Y^2$ 均未知. 下面是两个样本

X:0.9,1.1,0.1,0.7,0.3,0.9,0.8,1.0,0.4;

Y:1.5,0.9,1.6,0.5,1.4,1.9,1.0,1.2,1.3,1.6,2.1.

且两样本独立. 求 σ_X^2/σ_Y^2 的置信水平为 0.95 的置信区间.

20. 设以 X、Y 分别表示健康人与怀疑有病的人的血液中铬的含量(以 10 亿份中的份数计),设 $X \sim N(\mu_X, \sigma_X^2)$,$Y \sim N(\mu_Y, \sigma_Y^2)$,$\mu_X$、$\mu_Y$、$\sigma_X^2$、$\sigma_Y^2$ 均未知. 下面是分别来自 X 和 Y 的两个独立样本:

$$X_:15, 23, 12, 18, 9, 28, 11, 10;$$
$$Y_:25, 20, 35, 15, 40, 16, 10, 22, 18, 32.$$

求 σ_X^2/σ_Y^2 的置信水平为 0.95 的单侧置信上限,以及 σ_X 的置信水平为 0.95 的单侧置信上限.

21. 在第 17 题中求鱼长度的均值 μ 的置信水平为 0.95 的单侧置信下限.

22. 在第 18 题中求 $\mu_A - \mu_B$ 的置信水平为 0.90 的单侧置信上限.

第四章

假设检验

第一节　假设检验概述

前一章我们讲了对总体参数的估计问题,即对样本进行适当的加工,以推断出参数的值(或置信区间).本章介绍的假设检验,是另一大类统计推断问题.它是先假设总体具有某种特征(例如总体的参数为多少),然后再通过对样本的加工,即构造统计量,推断出假设的结论是否合理.从纯粹逻辑上考虑,似乎对参数的估计与对参数的检验不应有实质性的差别,犹如说:"求某方程的根"与"验证某数是否是某方程的根"这两个问题不会得出矛盾的结论一样.但从统计的角度看估计和检验,这两种统计推断是不同的,它们不是简单的"计算"和"验算"的关系.假设检验有它独特的统计思想,也就是说引入假设检验是完全必要的.我们来考虑下面的例子.

比如某厂家向一百货商店长期供应某种货物,双方根据厂家的传统生产水平,定出质量标准,即若次品率超过 3%,则百货商店拒收该批货物.今有一批货物,随机抽 43 件检验,发现有次品 2 件,问应如何处理这批货物?

如果双方商定用点估计方法作为验收方法,显然 2/43>3%,这批货物是要被拒收的.但是厂家有理由反对用这种方法验收.他们认为,由于抽样是随机的,在这次抽样中,次品的频率超过 3%,不等于说这批产品的次品率 p(概率)超过了 3%.就如同说掷一枚钱币,正反两面出现的概率各为 1/2,但若掷两次钱币,不见得正、反面正好各出现一次一样.就是说,即使该批货的次品率为 3%,仍有很大的概率使得在抽检 43 件货物时出现 2 个以上的次品,因此需要用别的方法.如果百货商店也希望在维护自己利益的前提下,不轻易地失去一个有信誉的货源,也会同意采用别的更合理的方法.事实上,对于这类问题,通常就是采用假设检验的方法.具体来说就是先假设次品率 $p \leqslant 3\%$,然后从抽样的结果来说明 $p \leqslant 3\%$ 这一假设是否合理.注意,这里用的是"合理"一词,而不是"正确",粗略地说就是"认为 $p \leqslant 3\%$"能否说得过去.具体如何做,下面再说.

还有这类问题实际上很难用参数估计的方法去解决.

例 1. 某研究所推出一种感冒特效新药,为证明其疗效,选择 200 名患者为志愿者.将他们均分为两组,分别不服药或服药,观察三日后痊愈的情况,得出下列数据:

是否痊愈 服何种药	痊愈者	未痊愈者	合计
未服药者	48	52	100
服药者	56	44	100
合计	104	96	200

问新药是否确有明显疗效?

这个问题就不存在估计什么的问题. 从数据来看, 新药似乎有一定疗效, 但效果不明显, 服药者在这次试验中的情况比未服药者好, 完全可能是随机因素造成的. 对于新药上市这样关系到千万人健康的事, 一定要采取慎重的态度. 这就需要用一种统计方法来检验药效, 假设检验就是在这种场合下的常用手段. 具体来说, 我们先不轻易地相信新药的作用, 因此可以提出假设"新药无效", 除非抽样结果显著地说明这假设不合理, 否则, 将不能认为新药有明显的疗效. 这种提出假设然后做出否定或不否定的判断通常称为**显著性检验(Significance test)**.

假设检验也可分为**参数检验(Parametric test)**和**非参数检验(Nonparametric test)**. 当总体分布形式已知, 只对某些参数做出假设, 进而做出的检验为参数检验; 对其他假设做出的检验为非参数检验.

一、假设检验的基本思想与概念

(1) "实际统计推断原理"(小概率原理)——小概率事件在一次试验中几乎(一般)是不会发生的.

(2) 具有概率性质的反证法.

用了反证法的思想, 但又不同于确定性数学中的反证法.

在假设检验中要用到两个假设, 把需要检验的假设称为**原假设**或**零假设**记为 H_0 (…), 与 H_0 对立的假设, 称为**对立假设**或**备择假设**, 记作 H_1 (…). 我们约定 H_1 是 H_0 对立面的全体. 假设是否正确有待用样本作检验. 通常给定一个临界概率 α, 在有原假设 H_0 成立的条件下, 如果出现事件的概率大于或等于临界概率 α, 就作拒绝原假设 H_0, 接受备择假设 H_1 的决定. 通常称此临界概率为**显著性水平**. 根据不同的问题可取不同的 α 值, 通常取 0.05 或 0.01 等.

二、假设检验的步骤

无论是参数检验还是非参数检验, 其原理和步骤都有共同的地方, 我们将通过下面的例子来阐述假设检验的一般原理和步骤.

例 2. 据报载, 某商店为搞促销, 对购买一定数额商品的顾客给予一次摸球中奖的机会, 规定从装有红、绿两色球各 10 个的暗箱中连续摸 10 次(摸后放回), 若 10 次都是摸得绿球, 则中大奖. 某人按规则去摸 10 次, 皆为绿球, 商店认定此人作弊, 拒付大奖, 此人不服, 最后引出官司.

　　我们在此并不关心此人是否真正作弊,也不关心官司的最后结果,但从统计的观点看,商店的怀疑是有道理的.因为,如果此人摸球完全是随机的,则要正好在 10 次摸球中均摸到绿球的概率为 $\left(\dfrac{1}{2}\right)^{10}=\dfrac{1}{1024}$,这是一个很小的数,一个统计的基本原理是在一次试验中所发生的事件不应该是小概率事件.现在既然这样小概率的事件发生了,就应当推测出此人摸球不是随机的,换句话说有作弊之嫌.

　　上述的这一推断,实际上就是假设检验的全部过程.它一般包含了这么几步:提出假设、抽样、并对样本进行加工(构造统计量)、定出一个合理性界限,得出假设是否合理的结论.为了便于操作,我们将结合引例,把这一过程步骤表述得更加形式化一点.这里要说明一点的是所谓"小概率事件".究竟多大概率为小概率事件?在一个问题中,通常是指定一个正数 α,$0<\alpha<1$,认为概率不超过 α 的事件是在一次试验中不会发生的事件,这个 α 称为**显著性水平(Level of significance)**.对于实际问题应根据不同的需要和侧重,指定不同的显著性水平.但为了制表方便,通常可选取 $\alpha=0.01$、0.05、0.10 等.

　　下面我们用假设检验的语言来模拟商店的推断:

　　1^{0} 提出假设:

　　H_0:此人未作弊;H_1:此人作弊.

　　这里 H_0 称为**原假设**,H_0 称为**备选假设**或**对立假设**,备选假设也可以不写.

　　2^{0} 构造统计量,并由样本算出其具体值:

　　统计量取为 10 次摸球中摸中绿球的个数 N.由抽样结果算出 $N=10$.

　　3^{0} 求出在 H_0 下,统计量 N 的分布,构造对 H_0 不利的小概率事件:

　　易知,在 H_0 下,即如果此人是完全随机地摸球的话,统计量 N 服从二项分布 $B(10, 1/2)$.其分布列为 $p_k=\mathrm{C}_{10}^{k}\left(\dfrac{1}{2}\right)^{10}$,$k=0,1,2,\cdots,10$,那么此人摸到的绿球数应该在平均数 5 个附近,所以对 H_0 不利的小概率事件是:"绿球数 N 大于某个较大的数,或小于某个较小的数."在此问题中,若此 H_0 不成立,即此人作弊的话,不可能故意少摸绿球,因此只需考虑事件"N 大于某个较大的数",这个数常称为临界值,即某个分位数.

　　4^{0} 给定显著性水平 α,确定临界值:

　　即取一数 $n(\alpha)$ 使得 $P\{N>n(\alpha)\}=\alpha$.如取 $\alpha=0.01$,由分布列算出:

$$p_{10}=1/1024\approx0.001,\quad p_9=10/1024\approx0.01,\quad p_9+p_{10}\approx0.011.$$

　　对于这种离散型概率分布,不一定能取到 $n(\alpha)$.取最接近的 n,使当 H_0 成立时,$P\{N>n\}\leqslant\alpha$,因此 $n=9$.即该小概率事件是 $\{N>9\}$.

　　5^{0} 得出结论:

　　已算得 $N=10$,即 $\{N>9\}$ 发生了,而 $\{N>9\}$ 被视为对 H_0 不利的小概率事件,它在一次试验中是不应该发生的,现在 $\{N>9\}$ 居然发生了,只能认为 H_0 是不成立的,即 H_1:"此人作弊"成立.

　　这一推断过程,也是假设检验的一般步骤,在这些步骤中,关键的技术问题是确定一个适当的用以检验假设的统计量,这个统计量至少应该满足在 H_0 成立的情况下,其抽样分布易于计算(查到).当然还应该尽量满足一些优良性条件,特别是在参数检验中.限于篇幅,我们不准备在本书中仔细讨论这些优良性条件. 在统计量选定以后,便可构造出由该统计量 T 描述某个显著性水平下的一小概率事件 $\{T \in B_\alpha\}$,我们称使得这一小概率事件发生的样本空间的点的全体

$$V = \{(X_1, X_2, \cdots, X_n) \in X \mid T(X_1, X_2, \cdots, X_n; \theta) \in B_\alpha\}$$

为 H_0 的**否定域**或**拒绝域**,通常也简记为 $V = \{T \in B_\alpha\}$. 最后的检验即是判断所给的样本是否落在 V 内,或者是 $T \in B_\alpha$ 是否成立. 因此,从这个意义上可以说设计一个检验,本质上就是找到一个恰当的否定域 V,使得在 H_0 下,它的概率为

$$P(V \mid H_0) = (\text{或} \leqslant)\alpha.$$

今后我们总是把统计检验中提到的"小概率事件"视为与否定域 V 是等价的概念. 另外,称 V 的余集 $X-V$ 为 H_0 的接受域.

假设检验的步骤可归纳如下:

第一步:根据实际问题提出原假设 H_0,备择假设 H_1(有时不写出);

第二步:确定检验用的统计量 T,并写出它的分布;

第三步:根据给出的显著性水平 α,在原假设 H_0 成立的条件下,由统计量的分布查表,写出 H_0 的拒绝域 W;

第四步:根据抽样资料计算 T 的样本观测值 t,如果 $t \in W$,则拒绝原假设 H_0;否则不拒绝原假设 H_0.

第二节 正态总体参数的假设检验

一、单个正态总体的均值、方差的假设检验

设总体 $X \sim N(\mu, \sigma^2)$,$X_1, X_2, \cdots, X_n$ 是来自总体 X 的样本.

$$\overline{X} = \frac{1}{n} \sum_{i=1}^{n} X_i, \quad S^2 = \frac{1}{n-1} \sum_{i=1}^{n} (X_i - \overline{X})^2.$$

(一) 单个正态总体均值的假设检验

(1) $\sigma^2 = \sigma_0^2$ 已知,检验假设 $H_0: \mu = \mu_0$, $H_1: \mu \neq \mu_0$.

如果 H_0 属真,则统计量

$$U = \frac{\overline{X} - \mu_0}{\frac{\sigma}{\sqrt{n}}} \sim N(0, 1).$$

对于给定的显著性水平 α,查表得 $u_{\alpha/2}$ 使

$$P\{|U| > u_{\alpha/2}\} = \alpha.$$

H_0 的拒绝域为:

$$W_0 : \frac{|\bar{x} - \mu_0|}{\sigma/\sqrt{n}} > u_{\frac{\alpha}{2}}. \tag{4.1}$$

由抽样数据计算 U 的观测值 u,如果 $|u| > u_{\alpha/2}$,则拒绝 H_0,否则不能拒绝 H_0(**注意不是接受** H_0).

例3. 根据以往的资料认为某厂生产的铜丝的折断力 $X \sim N(285, 16)$. 现换了一批原材料,从性能上来看,估计折断力的方差不变,但不知折断力大小和原先有无显著差异. 为此抽取 10 个样品,测得折断力(公斤)如下:

$$289, 286, 285, 284, 286, 285, 285, 286, 298, 292.$$

问:这批铜丝的平均折断力可否认为是 285 公斤 $(\alpha = 0.05)$.

解:检验假设 $H_0 : \mu = 285$, $H_1 : \mu \neq 285$.

由样本值,得 $\bar{x} = 287.6$,从而

$$\frac{|\bar{x} - \mu_0|}{\sigma/\sqrt{n}} = \left| \frac{287.6 - 285}{4/\sqrt{10}} \right| = 2.06 > u_{0.025} = 1.96,$$

因此,拒绝 H_0.

(2) σ^2 未知,检验假设 $H_0 : \mu = \mu_0$, $H_1 : \mu \neq \mu_0$.

如果 H_0 属真,则统计量 $T = \dfrac{\bar{X} - \mu_0}{S/\sqrt{n}}$ 服从自由度为 $n-1$ 的 t 分布. H_0 的拒绝域为:

$$W_0 : \frac{|\bar{x} - \mu_0|}{s/\sqrt{n}} > t_{\frac{\alpha}{2}}(n-1). \tag{4.2}$$

例4. 在正常情况下,某炼钢厂的铁水含碳量(%) $X \sim N(4.55, \sigma^2)$. 一日测得 5 炉铁水含碳量如下:

$$4.48, 4.40, 4.42, 4.45, 4.47$$

在显著水平 $\alpha = 0.05$ 下,试问该日铁水含碳量的均值是否有明显变化?

解:检验假设 $H_0 : \mu = \mu_0$, $H_1 : \mu \neq \mu_0$.

由于 σ^2 未知,则选取检验统计量

$$T = \frac{\bar{X} - \mu_0}{S/\sqrt{n}} \sim t(n-1).$$

给定 α,查知 $t_{\frac{\alpha}{2}}(n-1) = t_{0.025}(4) = 2.7764$. 从而 H_0 的拒绝域为:

$$W_0 : t = \frac{|\bar{x} - \mu_0|}{s/\sqrt{n}} > t_{\frac{\alpha}{2}}(n-1).$$

计算得 $|t| = 7.054$,又 $|t| = 7.054 > 2.7764$,

所以在显著水平 $\alpha = 0.05$ 下,拒绝 H_0,即该日铁水含碳量的均值有明显变化.

(3) 单侧检验

我们通过具体的例题引入单侧检验的假设及对应拒绝域.

例5. 根据某地环境保护法规定,倾入河流的废物中某种有毒化学物质含量不得超过 3 ppm. 该地区环保组织对某厂连日倾入河流的废物中该物质的含量的记录为:x_1, x_2, …, x_{15}. 经计算得 $\sum\limits_{i=1}^{15} x_i = 48$, $\sum\limits_{i=1}^{15} x_i^2 = 156.26$. 试判断该厂是否符合环保法的规定.（该有毒化学物质含量 X 服从正态分布,$\alpha = 0.05$）

解:（1）检验假设 $H_0: \mu \leqslant \mu_0 = 3$, $H_1: \mu > 3$.

（2）由于 σ^2 未知,则可得 H_0 的拒绝域为:$t = \dfrac{\overline{X} - \mu_0}{S/\sqrt{n}} > t_\alpha(n-1)$.

（3）已知 $\alpha = 0.05$,查表 $t_{0.05}(14) = 1.7613$.

（4）由已知可计算得

$$\bar{x} = \frac{1}{15} \times 48 = 3.2, \ s^2 = \frac{1}{14}\left(\sum x_i^2 - n \times \bar{x}^{-2}\right) = 0.19, \ s = 0.436,$$

从而 $t_0 = \dfrac{3.2 - 3}{0.436/\sqrt{15}} = 1.77667 > t_{0.05}(14) = 1.7613$.

所以在显著水平 $\alpha = 0.05$ 下,拒绝 H_0,即该厂不符合环保法的规定.

例6. 某厂生产一批玻璃纸作包装,按规定供应商供应的玻璃纸的横向延伸率不应低于 65. 已知该指标服从正态分布 $N(\mu, \sigma^2)$, σ 一直稳定于值 5.5. 从近期来货中抽查了 100 个样品,得样本均值 $\bar{x} = 55.06$, 试问在 $\alpha = 0.01$ 水平上能否接受这批玻璃纸?

解:（1）检验假设 $H_0: \mu \geqslant \mu_0 = 65$, $H_1: \mu < 65$.

（2）由于 σ^2 已知,则 H_0 的拒绝域为 $W_0: U = \dfrac{\overline{X} - \mu_0}{\sigma/\sqrt{n}} < -u_{0.01}$,

（3）计算得 $u = \dfrac{\bar{x} - \mu_0}{\sigma/\sqrt{n}} = \dfrac{55.06 - 65}{5.5/\sqrt{100}} = -18.07$,

而由查表,知 $-u_{0.01} = -2.33$.

（4）因为 $-18.07 < -2.33$,所以在显著水平 $\alpha = 0.01$ 下,拒绝 H_0,即不能接受这批玻璃纸.

（二）单个正态总体方差的假设检验

（1）μ 未知,检验 $H_0: \sigma^2 = \sigma_0^2$, $H_1: \sigma^2 \neq \sigma_0^2$.

如果 H_0 属真,则统计量 $\chi^2 = \dfrac{(n-1)S^2}{\sigma_0^2} \sim \chi^2(n-1)$,对于给定显著性水平 α,选取 $\chi_{\alpha/2}^2(n-1)$、$\chi_{1-\alpha/2}^2(n-1)$ 使

$$P\{\chi^2 < \chi_{1-\alpha/2}^2(n-1)\} = \alpha/2, \text{或} P\{\chi^2 > \chi_{\alpha/2}^2(n-1)\} = \alpha/2. \tag{4.3}$$

例7. 某自动机床加工套筒的直径 X 服从正态分布. 现从加工的这批套筒中任取 5 个,测得直径分别为 x_1, x_2, …, x_5, 经计算得到 $\sum\limits_{i=1}^{5} x_i = 124(\mu m)$, $\sum\limits_{i=1}^{5} x_i^2 = 31.39$ (μm^2)。试问这批套筒直径的方差与规定的 $\sigma^2 = 7(\mu m^2)$ 有无显著差别?（$\alpha = 0.01$）

解:（1）检验假设 $H_0: \sigma^2 = \sigma_0^2 = 7$, $H_1: \sigma^2 \neq 7$.

（2）选取检验统计量 $\chi^2 = \dfrac{(n-1)S^2}{\sigma_0^2} \sim \chi^2(n-1)$.

（3）H_0 的拒绝域 $W_0^0 : \chi^2 = \dfrac{(n-1)S^2}{\sigma_0^2} < \chi_{1-\frac{\alpha}{2}}^2(n-1)$，或 $\chi^2 = \dfrac{(n-1)S^2}{\sigma_0^2} > \chi_{\frac{\alpha}{2}}^2(n-1)$.

（4）计算 $\chi^2 = \dfrac{(n-1)s^2}{\sigma_0^2} = \dfrac{\sum\limits_{i=1}^{n} x_i^2 - \dfrac{\left(\sum\limits_{i=1}^{n} x^2\right)^2}{n}}{7} = 9.1$，查表 $\chi_{0.05}^2(4) = 14.860$，$\chi_{0.95}^2(4) = 0.209$，

（5）判断. 因为 $0.207 < \chi^2 = 91 < 14.860$. 所以在显著水平 $\alpha = 0.01$ 下，H_0 相容，即这批套筒直径的方差与规定的 $\sigma^2 = 7(\mu m^2)$ 无显著差别.

（2）单侧检验

例8. 某种导线的电阻服从 $N(\mu, \sigma^2)$，μ 未知. 该种导线其中一个质量指标是电阻标准差不得大于 $0.005\ \Omega$. 现从中抽取了 9 根导线测其电阻，测得样本标准差 $s = 0.0066$. 试问在 $\alpha = 0.05$ 水平上能否认为这批导线的电阻波动合格？

解：（1）检验假设 $H_0 : \sigma \leqslant 0.005$，$H_1 : \sigma > 0.005$，

$$（H_0 : \sigma^2 \leqslant 0.005^2,\ H_1 : \sigma^2 > 0.005^2）$$

（2）H_0 的拒绝域 $W_0 : \dfrac{(n-1)S^2}{\sigma_0^2} > \chi_\alpha^2(n-1)$.

（3）计算得 $\dfrac{(n-1)S^2}{\sigma_0^2} = \dfrac{8 \times 0.0066^2}{0.005^2} = 13.94$，查表 $\chi_{0.05}^2(8) = 15.507$.

（4）因为 $13.94 < 15.507$，所以 H_0 相容，即在 $\alpha = 0.05$ 水平下认为这批导线的电阻波动合格.

例9. 一工厂生产的某种电缆的抗断强度的标准差为 $240\ kg$，这种电缆的制造方法改变以后取 8 根电缆，测得样本抗断强度的标准差为 $205\ kg$，假设电缆抗断强度服从正态分布 $N(\mu, \sigma^2)$，给定显著水平 $\alpha = 0.05$. 试问改变制造方法后，电缆抗断强度是否显著变小？

解：（1）检验假设 $H_0 : \sigma^2 \geqslant \sigma_0^2 = 240^2$，$H_1 : \sigma^2 < \sigma_0^2 = 240^2$.

（2）H_0 的拒绝域 $W_0 : \dfrac{(n-1)S^2}{\sigma_0^2} < \chi_{1-\alpha}^2(n-1)$.

（3）计算得 $\dfrac{(n-1)s^2}{\sigma_0^2} = 5.107$，查表得 $\chi_{1-0.05}^2(7) = 2.167$.

（4）因为 $5.107 > 2.167$，所以在显著水平 $\alpha = 0.01$ 水平下 H_0 相容，即认为标准差没有显著变小.

二、两个正态总体均值差、方差比的检验

设总体 $X \sim N(\mu_1, \sigma_1^2)$，$Y \sim N(\mu_2, \sigma_2^2)$ 且相互独立，$X_1, X_2, \cdots, X_{n_1}, Y_1, Y_2, \cdots,$ Y_{n_2} 分别为总体 X 和 Y 的样本，$\overline{X}$、$\overline{Y}$ 分别为总体 X 和 Y 的样本均值，S_1^2、S_2^2 分别为总体 X 和 Y 的样本方差.

（一）两个总体方差比的假设检验

（1）检验假设 $H_0 : \sigma_1^2 = \sigma_2^2$，$H_1 : \sigma_1^2 \neq \sigma_2^2$.

如果 H_0 属真，则统计量

$$F = \frac{S_1^2}{S_2^2} \sim F(n_1 - 1, \, n_2 - 1).$$

对于给定显著性水平 α，存在 $F_{\alpha/2}(n_1 - 1, \, n_2 - 1)$、$F_{1-\alpha/2}(n_1 - 1, \, n_2 - 1)$ 使

$$P\{F < F_{1-\alpha/2}(n_1 - 1, \, n_2 - 1)\} = \alpha/2,$$

$$\text{或 } P\{F > F_{\alpha/2}(n_1 - 1, \, n_2 - 1)\} = \alpha/2. \tag{4.4}$$

例10. 甲、乙两台机床同时独立地加工某种轴，轴的直径分别服从正态分布 $N(\mu_1, \sigma_1^2)$、$N(\mu_2, \sigma_2^2)$. 今从甲机床加工的轴中随机地任取 6 根，测量它们的直径为 x_1，x_2，…，x_6，从乙机床加工的轴中随机地任取 9 根，测量它们的直径为 y_1，y_2，…，y_9，经计算得知：

$$\sum_{i=1}^{6} x_i = 204.6, \quad \sum_{i=1}^{6} x_i^2 = 6978.9, \quad \sum_{i=1}^{6} y_i = 370.8, \quad \sum_{i=1}^{6} y_i^2 = 15\,280.2$$

问在显著水平 $\alpha = 0.05$ 下，两台机床加工的轴的直径方差是否有显著差异？（μ_1、μ_2 未知）

解：

（1）检验假设 $H_0 : \sigma_1^2 = \sigma_2^2$，$H_1 : \sigma_1^2 \neq \sigma_2^2$.

（2）选取检验统计量：$F = \dfrac{S_1^2}{S_2^2} \sim F(n_1 - 1, \, n_2 - 1)$.

（3）H_0 的拒绝域 $W_0 : 0 < \dfrac{S_1^2}{S_2^2} < F_{1-\frac{\alpha}{2}}(n_1 - 1, \, n_2 - 1)$，或 $\dfrac{S_1^2}{S_2^2} > F_{\frac{\alpha}{2}}(n_1 - 1, \, n_2 - 1)$.

（4）计算（注意公式）得，$\dfrac{s_1^2}{s_2^2} = 1.0074$，查表得，$F_{0.025}(5, 8) = 4.82$，

$$F_{0.975}(5, 8) = 1/F_{0.025}(8, 5) = 1/6.76 = 0.1479.$$

（5）因为 $0.1479 < \dfrac{s_1^2}{s_2^2} = 1.0074 < 4.82$，所以在水平 $\alpha = 0.05$ 下，认为 $\sigma_1^2 = \sigma_2^2$，即两台机床加工的轴的直径方差无显著差异.

（2）单边检验.

在上例中若问甲机床加工轴的精度是否比乙机床加工轴的精度高？（$\alpha = 0.05$）这就是单边检验.

简解（1）检验假设 $H_0 : \sigma_1^2 \leqslant \sigma_2^2$，$H_1 : \sigma_1^2 > \sigma_2^2$.

（2）H_0 的拒绝域 $W_0 : F = \dfrac{S_1^2}{S_2^2} > F_{0.05}(5, 8)$

（3）计算得 $\dfrac{s_1^2}{s_2^2} = 1.0074$，查表可得 $F_{0.05}(5, 8) = 3.69$.

（4）因为 $\dfrac{s_1^2}{s_2^2} = 1.0074 < 3.69$，所以在 $\alpha = 0.05$ 下认为 σ_1^2 比 σ_2^2 小，即甲机床加工轴

的精度比乙机床加工轴的精度高.

(二) 两个总体均值差的假设检验

(1) 已知方差 σ_1^2、σ_2^2，检验 $\mu_1 = \mu_2$.

① 检验假设 $H_0: \mu_1 = \mu_2$，$H_1: \mu_1 \neq \mu_2$.

② 选取检验统计量.

如果 H_0 属真，则统计量

$$U = \frac{(\overline{X} - \overline{Y})}{\sqrt{\dfrac{\sigma_1^2}{n_1} + \dfrac{\sigma_2^2}{n_2}}} \sim N(0, 1). \tag{4.5}$$

③ 对于给定的显著性水平 α，查表 $u_{\alpha/2}$ 使 $P\{|U| > u_{\alpha/2}\} = \alpha$. 则 H_0 的拒绝域 $W_0: |U| > u_{\alpha/2}$.

④ 计算，查表，判断.

例11. 测量发动机的推力试验中，两推力计的记录结果如下：

推力 X	33.8, 35.0, 33.5, 33.3, 34.5, 33.1, 35.4, 33.9, 33.9, 34.3, 34.7, 34.0, 33.6, 34.2, 34.5, 33.8, 33.5, 33.9
推力 Y	34.8, 34.5, 35.0, 34.4, 34.2, 34.6, 34.9, 34.5, 34.1, 34.7, 34.4, 33.9, 34.1, 34.8, 35.2, 34.5, 34.6, 34.9

根据以往经验，测量该种发动机的推力试验其测量方差至多为25. 问从这两组记录结果能否看出有什么异常现象发生（取显著性水平 0.05，并设两推力计的记录结果服从正态分布）？

解：检验假设 $H_0: \mu_1 = \mu_2$，$H_1: \mu_1 \neq \mu_2$.

由已知可得 $n_1 = n_2 = 18$，$\bar{x} = 34.05$，$\bar{y} = 34.56$，从而有

$$|u| = \left| \frac{34.05 - 34.56}{\sqrt{\dfrac{25}{18} + \dfrac{25}{18}}} \right| = 0.306 < u_{0.025} = 1.96.$$

所以，不能拒绝 H_0，即这两组记录结果显示没有异常现象发生.

(2) 方差未知，但 $\sigma_1^2 = \sigma_2^2 = \sigma^2$.

检验假设 $H_0: \mu_1 = \mu_2$，$H_1: \mu_1 \neq \mu_2$. 如 H_0 属真，则统计量

$$T = \frac{\overline{X} - \overline{Y}}{S_w \sqrt{\dfrac{1}{n_1} + \dfrac{1}{n_2}}} \sim t(n_1 + n_2 - 2). \tag{4.6}$$

其中

$$S_w^2 = \frac{(n_1 - 1)S_1^2 + (n_2 - 1)S_2^2}{n_1 + n_2 - 2}. \tag{4.7}$$

例12. 对用两种不同的热处理方法加工的金属材料做抗拉强度试验，得到的试验数据如下：（单位：千克/厘米^2）

甲种方法	31, 34, 29, 26, 32, 35, 38, 34, 30, 29, 32, 31
乙种方法	26, 24, 28, 29, 30, 29, 32, 26, 31, 29, 32, 28

设用两种热处理方法加工的金属材料抗拉强度各构成正态总体,且两个总体方差相等.给定显著性水平 0.05,问两种方法所得金属材料的(平均)抗拉强度有无显著差异?

解:(1)检验假设 $H_0:\mu_1 = \mu_2$,$H_1:\mu_1 \neq \mu_2$.

(2)选取检验统计量:$T = \dfrac{\overline{X} - \overline{Y}}{S_w\sqrt{\dfrac{1}{n_1} + \dfrac{1}{n_2}}} \sim t(n_1 + n_2 - 2)$.

(3)由已知得 $n_1 = 12$,$n_2 = 12$.给定 α,查表知 $t_{0.025}(22) = 2.0739$.因此,H_0 的拒绝域为:

$$W_0:t = \frac{|\,\overline{x} - \overline{y}\,|}{s_w\sqrt{\dfrac{1}{n_1} + \dfrac{1}{n_2}}} > t_{\frac{\alpha}{2}}(n - 1).$$

(4)计算得 $\overline{x} = 31.75$,$\overline{y} = 28.67$,$s_1^2 = 10.2$,$s_2^2 = 6.06$,

$$s_w^2 = \frac{(n_1 - 1)s_1^2 + (n_2 - 1)s_2^2}{n_1 + n_2 - 2} = 8.943.$$

因为 $|t| = \left|\dfrac{\overline{x} - \overline{y}}{s_w\sqrt{\dfrac{1}{n_1} + \dfrac{1}{n_2}}}\right| = 2.523 > 2.0739$,因此,拒绝 H_0,即两种方法所得金属

材料的(平均)抗拉强度有显著差异.

表 4-1   正态分布参数的假设检验一览表

原假设 H_0	备择假设 H_1	条件	检验统计量及其分布	拒绝域
$\mu = \mu_0$	$\mu \neq \mu_0$	方差 σ_0^2 已知	$U = \dfrac{\overline{X} - \mu_0}{\sigma_0/\sqrt{n}} \sim N(0, 1)$	$\mid U \mid \geqslant u_{\alpha/2}$
$\mu \leqslant \mu_0$	$\mu > \mu_0$			$U \geqslant u_{\alpha}$
$\mu \geqslant \mu_0$	$\mu < \mu_0$			$U \leqslant -u_{\alpha}$
$\mu = \mu_0$	$\mu \neq \mu_0$	方差 σ_0^2 未知	$T = \dfrac{\overline{X} - \mu_0}{S^*/\sqrt{n}} \sim t(n-1)$	$\mid T \mid \geqslant t_{\alpha/2}(n-1)$
$\mu \leqslant \mu_0$	$\mu > \mu_0$			$T \geqslant t_{\alpha}(n-1)$
$\mu \geqslant \mu_0$	$\mu < \mu_0$			$T \leqslant -t_{\alpha}(n-1)$
$\sigma^2 = \sigma_0^2$	$\sigma^2 \neq \sigma_0^2$	均值 μ 未知	$\chi^2 = \dfrac{(n-1)S^{*2}}{\sigma_0^2} \sim \chi^2(n-1)$	$\chi^2 \leqslant \chi_{1-\alpha/2}^2(n-1)$ 或 $\chi^2 \geqslant \chi_{\alpha/2}^2(n-1)$
$\sigma^2 \leqslant \sigma_0^2$ (或 $\sigma^2 = \sigma_0^2$)	$\sigma^2 > \sigma_0^2$			$\chi^2 \geqslant \chi_{\alpha}^2(n-1)$
$\sigma^2 \geqslant \sigma_0^2$ (或 $\sigma^2 = \sigma_0^2$)	$\sigma^2 < \sigma_0^2$			$\chi^2 \leqslant \chi_{1-\alpha}^2(n-1)$

原假设 H_0	备择假设 H_1	条件	检验统计量及其分布	拒绝域
$\sigma^2 = \sigma_0^2$	$\sigma^2 \neq \sigma_0^2$	均值 μ 已知	$\chi^2 = \dfrac{\sum\limits_{i=1}^{n}(X_i-\mu_0)^2}{\sigma_0^2} \sim$ $\chi^2(n)$	$\chi^2 \leqslant \chi_{1-\alpha/2}^2(n)$ 或 $\chi^2 \geqslant \chi_{\alpha/2}^2(n)$
$\sigma^2 \leqslant \sigma_0^2$ (或 $\sigma^2 = \sigma_0^2$)	$\sigma^2 > \sigma_0^2$			$\chi^2 \geqslant \chi_{\alpha}^2(n)$
$\sigma^2 \geqslant \sigma_0^2$ (或 $\sigma^2 = \sigma_0^2$)	$\sigma^2 < \sigma_0^2$			$\chi^2 \leqslant \chi_{1-\alpha}^2(n)$
$\mu_1 - \mu_2 = c$	$\mu_1 - \mu_2 \neq c$	σ_1^2, σ_2^2 未知 但 $\sigma_1^2 = \sigma_2^2$	$T = \dfrac{(\overline{X}-\overline{Y})-c}{S_w\sqrt{\dfrac{1}{n_1}+\dfrac{1}{n_2}}} \sim$ $t(n_1+n_2-2)$ $S_w =$ $\sqrt{\dfrac{(n_1-1)S_1^{*2}+(n_2-1)S_2^{*2}}{n_1+n_2-2}}$	$\|T\| \geqslant t_{\alpha/2}(n_1+n_2-2)$
$\mu_1 - \mu_2 \leqslant c$ (或 $\mu_1 - \mu_2 = c$)	$\mu_1 - \mu_2 > c$			$T \geqslant t_{\alpha}(n_1+n_2-2)$
$\mu_1 - \mu_2 \geqslant c$ (或 $\mu_1 - \mu_2 = c$)	$\mu_1 - \mu_2 < c$			$T \leqslant -t_{\alpha}(n_1+n_2-2)$
$\mu_1 - \mu_2 = c$	$\mu_1 - \mu_2 \neq c$	σ_1^2, σ_2^2 未知	$U = \dfrac{(\overline{X}-\overline{Y})-c}{\sqrt{\dfrac{\sigma_1^2}{n_1}+\dfrac{\sigma_2^2}{n_2}}} \sim$ $N(0,1)$	$\|U\| \geqslant u_{\alpha/2}$
$\mu_1 - \mu_2 \leqslant c$ (或 $\mu_1 - \mu_2 = c$)	$\mu_1 - \mu_2 > c$			$U \geqslant u_{\alpha}$
$\mu_1 - \mu_2 \geqslant c$ (或 $\mu_1 - \mu_2 = c$)	$\mu_1 - \mu_2 < c$			$U \leqslant -u_{\alpha}$
$\dfrac{\sigma_1^2}{\sigma_1^2} = c$	$\dfrac{\sigma_1^2}{\sigma_2^2} \neq c$	μ_1, μ_2 未知	$F = \dfrac{S_{1n_1}^{*2}}{cS_{2n_2}^{*2}} \sim F(n_1-1, n_2-1)$	$F \leqslant F_{1-\alpha/2}(n_1-1, n_2-1)$ 或 $F \geqslant F_{\alpha/2}(n_1-1, n_2-1)$
$\dfrac{\sigma_1^2}{\sigma_2^2} \leqslant c$ (或 $\dfrac{\sigma_1^2}{\sigma_2^2} = c$)	$\dfrac{\sigma_1^2}{\sigma_2^2} > c$			$F \geqslant F_{\alpha}(n_1-1, n_2-1)$
$\dfrac{\sigma_1^2}{\sigma_2^2} \geqslant c$ (或 $\dfrac{\sigma_1^2}{\sigma_2^2} = c$)	$\dfrac{\sigma_1^2}{\sigma_2^2} < c$			$F \leqslant F_{1-\alpha}(n_1-1, n_2-1)$

第三节　检验的实际意义及两类错误

前面对参数的假设检验的方法进行了较详尽的讨论,但读者可能有不少疑问,比如这些检验方法对于相应的问题是不是唯一的方法? 若不是唯一的,是不是有最优的方法?

最优的标准又是什么？检验的优劣与显著性水平 α 的关系如何？下面我们将研究一下这方面的问题. 为了不涉及过多的概念和理论推证, 我们的讨论只是较为简略的.

一、检验结果的实际意义

检验的原理是"小概率事件在一次试验中不发生", 以此作为推断的依据, 决定是接受 H_0 或拒绝 H_0. 但是这一原理只是在概率意义下成立, 并不是严格成立的, 即不能说小概率事件在一次试验中绝对不可能发生. 仍以本章例 2 来说, 尽管按统计推断结论, 认为摸球人作弊, 但事实上也完全可能没有作弊. 试想如果在不作弊的情况下, 10 次全部摸中绿球绝对不可能的话, 那么开设摸奖就没有意义了. 因此, 当摸奖人事实上的确是未作弊的话, 商店的统计推断就犯了错误, 关于犯检验的错误我们放到后面再讲.

在假设检验中, 原假设 H_0 与备选假设 H_1 的地位是不对等的. 一般来说 α 是较小的, 因而检验推断是"偏向"原假设, 而"歧视"备选假设的. 因为, 通常若要否定原假设, 需要有显著性的事实, 即小概率事件发生, 否则就认为原假设成立. 因此在检验中接受 H_0, 并不等于从逻辑上证明了 H_0 的成立, 只是找不到 H_0 不成立的有力证据. 在应用中, 对同一问题若提出不同的原假设, 甚至可以有完全不同的结论, 为了理解这一点, 举例如下:

例 13. 设总体 $X \sim N(\mu, 1)$, 样本均值 $\overline{X} = X_1 = 0.5$, 样本容量 $n = 1$, 取 $\alpha = 0.05$, 欲检验 $\mu = 0$, 还是 $\mu = 1$.

这里有两种提出假设的方法, 分别如下:

$$（\text{i}）H_0: \mu = 0; \qquad H_1: \mu = 1.$$
$$（\text{ii}）H_0: \mu = 1; \qquad H_1: \mu = 0.$$

如果按一般逻辑论证的想法, 当然认为无论怎样提假设, μ 的最终结果应该是一样的. 但事实不然, 计算如下:

对于（i）显然应取否定域为 $W = \{u > u_{0.95} = 1.645\}$, 其中 $U = \dfrac{\overline{X} - \mu}{\sigma / \sqrt{n}}$, 当 H_0 成立时, $U \sim N(0, 1)$, 实际算得

$$u = \frac{0.5 - 0}{1 / \sqrt{1}} = 0.5 < 1.645, \text{或} \bar{x} < 1.645,$$

所以, 接受 H_0, 即认为 $\mu = 0$.

对于（ii）应取否定域为 $W = \{u < u_{0.05} = -1.645\}$. 此时

$$u = \frac{0.5 - 1}{1 / \sqrt{1}} = -0.5 > -1.645, \text{或} \bar{x} > -1.645 + 1,$$

所以, 接受 H_0, 即认为 $\mu = 1$.

这种矛盾现象可以解释为, 试验结果既不否定 $\mu = 0$, 也不否定 $\mu = 1$, 究竟应认为 $\mu = 0$, 还是 $\mu = 1$, 就要看你要"保护"谁, 即怎样取原假设. 这一结果的几何解释如图 4-1. 在图 4-1 中, $\bar{x} = 0.5$ 既不在 $N(0, 1)$ 密度函数的阴影部分所对应的区间里, 也不在 $N(1, 1)$

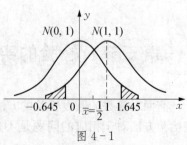

图 4-1

密度函数的阴影部分所对应的区间内. 所以无论怎样提出 H_0 都否定不了.

这一事实提醒了我们,在应用中一定要慎重提出原假设,它应该是有一定背景依据的. 因为它一经提出,通常在检验中是受到保护的,受保护的程度取决于显著性水平 α 的大小,α 越小,以 α 为概率的小概率事件就越难发生,H_0 就越难被否定. 在实际问题中,这种保护是必要的,如对一个有传统生产工艺和良好信誉的厂家的商品检验,我们就应该取原假设为产品合格来加以保护,并通过检验来印证,以免因抽样的随机性而轻易否定该厂商品的质量.

从另一个角度看,既然 H_0 是受保护的,则对于 H_0 的肯定相对来说是较缺乏说服力的,充其量不过是原假设与试验结果没有明显矛盾;反之,对于 H_0 的否定则是有力的,且 α 越小,小概率事件越难于发生,一旦发生了,这种否定就越有力,也就越能说明问题. 在应用中,如果要用假设检验说明某个结论成立,那么最好设 H_0 为该结论不成立. 若通过检验拒绝了 H_0,则说明该结论的成立是很具有说服力的,如本章例 2 那样. 而且 α 取得较小,如果仍拒绝 H_0 的话,结论成立的说服力越强.

二、检验中的两类错误

前面已说到检验可能犯错误,所谓犯错误就是检验的结论与实际情况不符,这里有两种情况:一是实际情况是 H_0 成立,而检验的结果表明 H_0 不成立,即拒绝了 H_0,这时称该检验犯了**第一类错误(Type I error)**或"弃真"的错误;二是实际情况是 H_0 不成立,H_1 成立,而检验的结果表明 H_0 成立,即接受了 H_0,这时称该检验犯了**第二类错误(Type II error)**,或称"取伪"的错误. 我们来研究一下,对于一个检验,这两类错误有多大.

我们知道,一个检验本质上就是一个否定域 W,所谓拒绝 H_0,就是通过构造 W 的统计量计算,得出样本点落在 W 内的结论. 所以,第一类错误的概率就是在 H_0 成立的条件下 W 的概率 $P(W \mid H_0)$. 从前几节的具体例子可知,一般地当 H_0 形如 $\theta = \theta_0$ 时,$P(W \mid H_0) = \alpha$. 当 H_0 形如 $\theta \leqslant \theta_0$ 或 $\theta \geqslant \theta_0$ 时,$P(W \mid H_0) \leqslant \alpha$. 由此可知,显著性水平 α 也就是检验犯第一类错误的概率.

同样,接受 H_0,即是指样本点落在接受域 $A = \overline{W}$ 中,因此犯第二类错误的概率是

$$\beta = P\{\overline{W} \mid H_1\}.$$

当 H_1 中包含的参数不止一个时,一般 β 的具体计算是较困难的.

我们来看一个具体例子,加深对两类错误概念的理解.

例 14. 设总体 $X \sim N(\mu, \sigma_0^2)$,$\sigma_0^2$ 已知,样本容量为 n,求对问题

$$H_0: \mu = \mu_0; \qquad H_1: \mu = \mu_1 > \mu_0$$

的 u 检验的两类错误的概率.

解: 在此检验中,否定域应为

$$W = \{u > u_{1-\alpha}\},$$

其中 $U = \dfrac{\overline{X} - \mu_0}{\sigma_0/\sqrt{n}}$,$\alpha$ 为某一显著性水平,易知 U 在 H_0 成立时服从 $N(0,1)$,在 H_1 成立时服从 $N\left(\dfrac{\mu_1 - \mu_0}{\sigma_0/\sqrt{n}}, 1\right)$. 于是,犯第一类错误的概率为

$$P\{W \mid \mu = \mu_0\} = \alpha.$$

犯第二类错误的概率为

$$\beta = P\{\overline{W} \mid \mu = \mu_1\} = P\{U \leqslant u_{1-\alpha} \mid \mu = \mu_1\}$$

$$= P\left\{U - \frac{\mu_1 - \mu_0}{\sigma_0/\sqrt{n}} \leqslant u_{1-\alpha} - \frac{\mu_1 - \mu_0}{\sigma_0/\sqrt{n}} \mid \mu = \mu_1\right\}$$

$$= \Phi\left(u_{1-\alpha} - \frac{\mu_1 - \mu_0}{\sigma_0/\sqrt{n}}\right),$$

其中 $\Phi(x)$ 为标准正态分布函数.

上述两类错误概率的大小可用图 4-2 中的阴影面积表示. 图 4-2 中 $a_i = \dfrac{\mu_i}{\sigma_0/\sqrt{n}}$, $i = 0, 1$, $L = a_0 + u_{1-\alpha}$. 由图 4-2 可以看出,若要第一类错误概率 α 变小,则 $u_{1-\alpha}$ 变大,从而第二类错误的概率 $\beta = \Phi\left(u_{1-\alpha} - \dfrac{\mu_1 - \mu_0}{\sigma_0/\sqrt{n}}\right)$ 也随之变大.

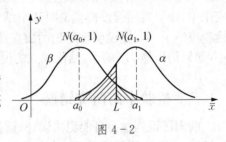

图 4-2

设计一个检验,当然最理想的是犯两类错误的概率都尽可能地小,但由上面的例可以看出,在样本容量 n 一定的情况下,要使两者都达到最小是不可能的. 考虑到 H_0 的提出既然是慎重的,否定它也要比较慎重. 因此,在设计检验时,一般采取控制第一类错误的概率在某一显著性水平 α 内,对于固定的 n,使第二类错误尽可能地小,并以此来建立评价检验是否最优的标准. 关于这一点我们不准备深入讨论,只强调一点,在上节末表 4-1 中所列出的检验都是某种意义下的最优检验.

三、样本容量确定问题

对于固定的样本容量 n,若要控制第一类错误的概率 α,就不可能使第二类错误的概率 β 尽可能地小. 但另一方面,在例 14 中,如果保持 α 不变,使 n 增大,则 β 减小(注意 $\mu_1 > \mu_0$),当 $n \to \infty$ 时,$\beta \to 0$. 也就是说,通过增大样本容量,犯第二类错误的概率可以小于任给的正数.

在实际问题中,样本容量是不可能无限制扩大的,因为做试验需要成本,抽样数量太大,既做不起,又没有必要. 另一方面,若样本容量太小,又不能使犯两类错误的概率同时都令人满意得小. 由此引出这样的问题,即能否确定一个最小的样本容量,使得检验的两类错误概率都在预先控制的范围内? 这就是样本容量确定问题. 我们讨论两种具体的检验.

(一)第一种

对于正态总体 $N(\mu, \sigma_0^2)$,σ_0^2 已知,考虑

$$H_0: \mu = \mu_0; \qquad H_1: \mu = \mu_1 > \mu_0$$

的 u 检验,($\mu_1 < \mu_0$ 类似可讨论),设两类错误的概率 α、β 均已确定,要求样本容量 n.

事实上，由

$$\beta = \Phi\left(u_{1-\alpha} - \frac{\mu_1 - \mu_0}{\sigma_0/\sqrt{n}}\right)$$

可得

$$u_\beta = u_{1-\alpha} - \frac{\mu_1 - \mu_0}{\sigma_0/\sqrt{n}},$$

即知

$$n = \left[\frac{\sigma_0(u_{1-\alpha} - u_\beta)}{\mu_1 - \mu_0}\right]^2. \qquad (4.8)$$

当上式右边不是整数时，取不小于右边的最小的整数.

（二）第二种

对于正态总体 $N(\mu, \sigma^2)$，μ 未知，考虑

$$H_0 : \sigma^2 = \sigma_0^2; \quad H_1 : \sigma^2 = \sigma_1^2 > \sigma_0^2$$

的 χ^2 检验（$\sigma_1^2 < \sigma_0^2$ 类似）易知，此时对于给定的显著水平 α，否定域为

$$W = \{\chi^2 > \chi_{1-\alpha}^2(n-1)\},$$

其中 $\chi^2 = \dfrac{nS^2}{\sigma_0^2}$，而接受域为

$$\overline{W} = \{\chi^2 \leqslant \chi_{1-\alpha}^2(n-1)\}.$$

注意到当 H_1 成立时，$\dfrac{\sigma_0^2}{\sigma_1^2}\chi^2 = \dfrac{nS^2}{\sigma_1^2} \sim \chi^2(n-1)$，故

$$\begin{aligned}
\beta &= P\{\overline{W} \mid H_1\} = P\{\chi^2 \leqslant \chi_{1-\alpha}^2(n-1) \mid H_1\} \\
&= P\left\{\frac{\sigma_0^2}{\sigma_1^2}\chi^2 \leqslant \frac{\sigma_0^2}{\sigma_1^2}\chi_{1-\alpha}^2(n-1)\right\} \\
&= F_{\chi^2(n-1)}\left(\frac{\sigma_0^2}{\sigma_1^2}\chi_{1-\alpha}^2(n-1)\right).
\end{aligned}$$

可以证明，当 $\sigma_1^2 > \sigma_0^2$ 时，β 是 n 的减函数，可得

$$\chi_\beta^2(n-1) \underset{(\text{或}\geqslant)}{=} \frac{\sigma_0^2}{\sigma_1^2}\chi_{1-\alpha}^2(n-1).$$

当然，从上式无法得到 n 的解析表示，但对于给定的 α、β，可以通过查表，采取"试算"的方式确定 n.

例15. 一门炮需通过发射试验来进行精度验收，假设命中误差是纯随机的，又横向（或纵向）误差允许的标准差为 σ_0，制造方要求采用的检验方法能够保证：如果产品合格而被拒绝的概率应不大于 5％；使用方要求保证：若产品不合格且标准差超过 $\sqrt{2}\sigma_0$ 而被接受的概率小于 10％. 试问，至少应发射多少发炮弹进行试验，才能满足双方的要求？

解：可以设炮弹落点的横向（或纵向）偏差是服从 $N(0, \sigma^2)$，由题意，可将问题简化为

检验假设

$$H_0 : \sigma^2 = \sigma_0^2; \ H_1 : \sigma^2 = \sigma_1^2 = 2\sigma_0^2.$$

用 χ^2 检验,已知 $\alpha = 0.05$,又要求 $\beta = 0.1$,利用式 (4.8) 试着取 n:

若取 $n = 36$,则 $\chi_{0.95}^2(35) = 49.802$,$\frac{1}{2}\chi_{0.95}^2(35) = 24.901 > 24.797 = \chi_{0.1}^2(35)$;

若取 $n = 37$,则 $\chi_{0.95}^2(36) = 50.988$,$\frac{1}{2}\chi_{0.95}^2(36) = 25.494 < 25.643 = \chi_{0.1}^2(36)$. 由此可知至少需要发射 37 发炮弹.

第四节　χ^2 拟合优度检验

在实际中为了利用统计资料做出推断,常常必须选择某种已知的概率分布来近似所研究的频率分布,但是我们需要分析这种近似存在多大程度的误差. χ^2 检验能够检验观察到的频率分布是否服从于某种理论上的分布,或者说检验某一实际的随机变量与某一理论分布之间的差异是否显著. 这样就可以用来确定某种具体的概率分布究竟是否符合某种理论分布,如二项分布、泊松分布或正态分布,以便我们掌握这种分布的特性. 同时,这种检验反过来也就确定了用某种理论分布来研究某一实际问题时的适应性. χ^2 用于这方面的检验时称作拟合优度的检验.

若被检验总体真实的分布函数为 $F(x)$,但它是未知的,要求根据从这一总体中所随机抽取的一组样本来检验总体是否与某种已知的理论分布 $F^*(x)$ 相一致. 于是 χ^2 拟合优度检验也就转化为下列假设检验问题:

$$H_0 : F(x) = F^*(x), \ H_1 : F(x) \neq F^*(x).$$

假定一个总体可分为 r 类,现从该总体获得了一个样本——这是一批分类数据,现在需要我们从这些分类数据中出发,去判断总体各类出现的概率是否与已知的概率相符. 譬如要检验一颗骰子是否是均匀的,那么可以将该骰子抛掷若干次,记录每一面出现的次数,从这些数据出发去检验各面出现的概率是否都是 $1/6$,χ^2 拟合优度检验就是用来检验一批分类数据所来自的总体的分布是否与某种理论分布相一致. 在实际问题中常会遇到这种分类数据,下面就讨论这类数据的有关检验问题.

一、总体可分为有限类,且总体分布不含未知参数

设总体 X 可以分成 r 类,记为 $A_1, A_2, \cdots, A_r$,如今要检验的假设为:

$$H_0 : P(A_j) = p_j, \ j = 1, 2, \cdots, r,$$

其中各 p_j 已知,$p_j \geqslant 0$,$\sum\limits_{j=1}^{r} p_j = 1$. 现对总体作了 n 次观察,各类出现的频数分别为 n_1,

n_2, $\cdots$, n_r, 且 $\sum\limits_{j=1}^{r} n_j = n$. 若 H_0 为真, 则各概率 p_j 与频率 $\dfrac{n_j}{n}$ 应相差不大, 或各观察频数 n_j 与理论频数 np_j 应相差不大. 据此想法, 英国统计学家 K. Pearson 提出了一个检验统计量

$$\chi^2 = \sum_{j=1}^{r} \frac{(n_j - np_j)^2}{np_j} \tag{4.9}$$

并指出, 当样本容量 n 充分大且 H_0 为真时, χ^2 近似服从自由度为 $r-1$ 的 χ^2 分布.

从 χ^2 统计量的结构看, 当 H_0 为真时, 和式中每一项的分子 $(n_i - np_j)^2$ 都不应太大, 从而总和也不会太大, 若 χ^2 过大, 人们就会认为原假设 H_0 不真. 基于此想法, 检验的拒绝域应有如下形式:

$$W = \{\chi^2 \geqslant c\}.$$

对于给定的显著性水平 α, 由分布 $\chi^2(r-1)$ 可定出 $c = \chi_\alpha^2(r-1)$.

例15. 某大公司的人事部门希望了解公司职工的病假是否均匀分布在周一到周五, 以便合理安排工作. 如今抽取了 100 名病假职工, 其病假日分别如下:

工作日	周一	周二	周三	周四	周五
频数	17	27	10	28	18

试问该公司职工病假是否均匀分布在一周五个工作日中 ($\alpha = 0.05$)?

解: 若病假是均匀分布在五个工作日内, 则应有 $p_i = \dfrac{1}{5}$, $i = 1, 2, \cdots, 5$, 以 A_i 表示 "病假就在周 i", 则要检验假设

$$H_0 : P(A_i) = \frac{1}{5}, \ i = 1, 2, \cdots, 5.$$

采用统计量 (4.9), 由于 $r = 5$, 在 $\alpha = 0.05$ 时, $\chi_{0.05}^2(4) = 9.49$, 因而拒绝域为

$$W = \{\chi^2 \geqslant 9.49\}.$$

$$\chi^2 = \frac{\left(17 - 100 \times \frac{1}{5}\right)^2}{100 \times \frac{1}{5}} + \frac{\left(27 - 100 \times \frac{1}{5}\right)^2}{100 \times \frac{1}{5}} + \frac{\left(10 - 100 \times \frac{1}{5}\right)^2}{100 \times \frac{1}{5}} +$$

$$\frac{\left(28 - 100 \times \frac{1}{5}\right)^2}{100 \times \frac{1}{5}} + \frac{\left(18 - 100 \times \frac{1}{5}\right)^2}{100 \times \frac{1}{5}} = 11.30 \geqslant 9.49.$$

这表明样本落在拒绝域中, 因而在 $\alpha = 0.05$ 水平上拒绝原假设 H_0, 即可认为该公司职工病假在五个工作日中不是均匀分布的.

二、总体可分为有限类, 但总体分布含有未知参数

先看一个例子:

引例：在某交叉路口记录每 15 秒中内通过的汽车数量，共观察了 25 分钟，得 100 个记录，经整理得：

通过的汽车数量	0	1	2	3	4	5	6	7	8	9	10	11
频数	1	5	15	17	26	11	9	8	3	2	2	1

在 $\alpha = 0.05$ 水平上检验如下假设：通过该交叉路口的汽车数量从泊松分布 $P(\lambda)$.

在本例中，要检验总体是否服从泊松分布. 大家知道服从泊松分布的随机变量可取所有的非负整数，然而尽管它可取可数个值，但取大量值的概率是非常之小的，因而可以忽略不计，另一方面，在对该随机变量进行实际观察时也只能观察到有限个不同值，譬如在本例中，只观察到 $0, 1, \cdots, 11$ 这 12 个值. 这相当于把总体分成 12 类，每一类出现的概率分别：

$$p_i = \frac{\lambda^i}{i!}e^{-\lambda}, \ i = 0, 1, \cdots, 10, \ p_{11} = \sum_{i=11}^{\infty}\frac{\lambda^i}{i!}e^{-\lambda},$$

从而把所要检验的原假设记为：

$$H_0 : P(A_i) = p_i, \ i = 0, 1, \cdots, 11,$$

其中 A_i 表示 15 秒钟内通过交叉路口的汽车为 i 辆，$i = 0, 1, 2, \cdots, 10$，A_{11} 表示 15 秒钟内通过交叉路口的汽车超过 10 辆.

设总体 X 可以分成 r 类，记为 $A_1, A_2, \cdots, A_r$，如今要检验的假设为：

$$H_0 : P(A_i) = p_i, \ i = 1, 2, \cdots, r,$$

其中各 p_i 已知，$p_i \geq 0$，$\sum_{i=1}^{r} p_i = 1$.

1924 年英国统计学家 R. A. Fisher 证明了在总体分布中含有 k 个独立的未知参数时，若这 k 个参数用极大似然估计代替，则 $\chi^2 = \sum_{j=1}^{r}\frac{(n_j - np_j)^2}{np_j}$ 中的 p_j 用 $\hat{p}_j$ 代替，当样本容量 n 充分大时，

$$\chi^2 = \sum_{i=1}^{r}\frac{(n_i - n\hat{p}_i)^2}{n\hat{p}_i}$$

近似服从自由度为 $r - k - 1$ 的 χ^2 分布.

首先此总体分布中含有未知参数 λ，用其极大似然估计 $\bar{x} = 4.28$ 去估计，从而有

$$\hat{p}_i = \frac{4.28^i}{i!}e^{-4.28}, \ i = 0, 1, \cdots, 10, \ \hat{p}_{11} = \sum_{i=11}^{\infty}\frac{4.28^i}{i!}e^{-4.28}.$$

其次，由于要采用检验统计量的近似分布来确定拒绝域，因而要求各 n_i 不能过少，通常要求 $n_i \geq 5$，当某些频数小于 5 时，通常的做法是将临近若干组合并. 在本例中，$n_0 = 1 < 5$，因而可将 $i = 0$ 与 $i = 1$ 的两组合并，同样，由于 $i \geq 8$ 时各组频数亦小于 5，因而也将它们合并，从而这里组数 $r = 8$，未知参数个数 $k = 1$. 采用统计量计算，在 $\alpha = 0.05$ 时，

$\chi^2_{0.05}(8-1-1)=\chi^2_{0.05}(6)=12.592$,拒绝域为 $W=\{\chi^2\geqslant 12.592\}$.计算统计量 χ^2 的值（见 χ^2 值计算表）得 $\chi^2=5.7897<12.592$,故在 $\alpha=0.05$ 水平上,可保留 H_0,即认为 15 秒钟内通过交叉路口的汽车数量服从参数 $\lambda=4.28$ 的泊松分布.

χ^2 值计算表

i	n_i	$\hat{p}_i$	$n\hat{p}_i$	$\dfrac{(n_i-n\hat{p}_i)^2}{n\hat{p}_i}$
$\leqslant 1$	6	0.0730	7.30	0.2315
2	15	0.1268	12.68	0.4245
3	17	0.1809	18.09	0.0657
4	26	0.1935	19.35	2.2854
5	11	0.1657	16.57	1.6724
6	9	0.1182	11.82	0.6728
7	8	0.0723	7.23	0.0820
$\geqslant 8$	8	0.0696	6.96	0.1554
合计	100			5.7897

三、总体为连续分布的情况

设样本 X_1,X_2,$\cdots$,X_n 为来自总体 X 的一个样本,要检验的假设是:

$$H_0:X \text{ 服从分布 } F(x),$$

其中 $F(x)$ 中可以含有 k 个未知参数,若 $k=0$,则 $F(x)$ 就完全已知.

在这种情况下检验 H_0 的做法如下:

(1) 任意取 $r-1$ 个实数使得

$$-\infty<a_1<a_2<\cdots<a_{r-1}<+\infty.$$

把 X 的取值范围分成 r 个互不相交的区间:

$$A_1=(-\infty,a_1],\ A_2=(a_1,a_2],\ \cdots,\ A_{r-1}=(a_{r-2},a_{r-1}],\ A_r=(a_{r-1},+\infty).$$

(2) 统计样本落入这 r 个区间的频数,以 n_i 表示样本观察值落在区间 A_i 内的个数（一般要求 $r>5$,$n_i\geqslant 5$）$(i=1,2,\cdots,r)$.

(3) 当 $k\neq 0$ 时,对 k 个未知参数给出其极大似然估计,记

$$p_1=P(X\leqslant a_1)=F(a_1),$$
$$p_i=P(a_{i-1}<X\leqslant a_i)=F(a_i)-F(a_{i-1})(i=2,3,\cdots,r-1),$$
$$p_r=P(X>a_{r-1})=1-F(a_{r-1}).$$

从而用未知参数的极大似然估计代替后可算得各 $\hat{p}_i(i=1,2,\cdots,r)$.

(4) 在计算得到 n_i 和 $\hat{p}_i(i=1,2,\cdots,r)$ 以后,计算统计量 χ^2

$$\chi^2 = \sum_{i=1}^{r} \frac{(n_i - n\hat{p}_i)^2}{n\hat{p}_i}.$$

统计上也已证明这一统计量服从于自由度为 $r-k-1$ 的 χ^2 分布.

对于给定的显著性水平 α，我们查相应的自由度为 $r-k-1$ 的 χ^2 表，就可得到 $\chi^2_\alpha(r-k-1)$，使得

$$P\{\chi^2 \geq \chi^2_\alpha(r-k-1)\} = \alpha.$$

若 $\chi^2 \geq \chi^2_\alpha(r-k-1)$ 时就拒绝原假设 H_0，我们认为被检验总体的真实的分布函数不为 $F(x)$.

例 16. 为研究混凝土抗压强度的分布，抽取了 200 件混凝土制件测定其抗压强度，经整理得频数分布表如下表.

抗压强度区间 $(a_{i-1}, a_i]$	频数 n_i
(190, 200]	10
(200, 210]	26
(210, 220]	56
(220, 230]	64
(230, 240]	30
(240, 250]	14
合计	200

试在 $\alpha = 0.05$ 水平上检验抗压强度的分布是否为正态分布？

解：若用 $F(x)$ 表示 $N(\mu, \sigma^2)$ 的分布函数，则要检验假设：

$$H_0: 抗压强度的分布 F(x).$$

又由于 $F(x)$ 中含有两个未知参数 μ、σ^2，因而需用它们的极大似然估计去替代. 这里仅给出了样本的分组数据，因此只能用组中值（即区间中点）去代替原始数据，然后求 μ、σ^2 的 MLE. 现在 6 个组中值分别为

$$x_1 = 195, \ x_2 = 205, \ x_3 = 215, \ x_4 = 225, \ x_5 = 235, \ x_6 = 245,$$

于是

$$\hat{\mu} = \bar{x} = \frac{1}{200} \sum_{i=1}^{6} n_i x_i = 221, \quad \hat{\sigma}^2 = s_n^2 = \frac{1}{200} \sum_{i=1}^{6} n_i (x_i - \bar{x})^2 = 152.$$

在 $N(221, 152)$ 分布下，求出落在区间 $(a_{i-1}, a_i]$ 内的概率的估计值：

$$\hat{p}_i = \Phi\left(\frac{a_i - 221}{\sqrt{152}}\right) - \Phi\left(\frac{a_{i-1} - 221}{\sqrt{152}}\right), \ i = 1, 2, \cdots, r.$$

（通常将 a_0 定义为 $-\infty$，将 a_r 定义为 $+\infty$）. 本例中 $r = 6$. 采用 $\chi^2 =$

$\sum\limits_{i=1}^{r} \dfrac{(n_i - n\hat{p}_i)^2}{n\hat{p}_i}$ 作为检验统计量,在 $\alpha = 0.05$ 时,$\chi_{0.05}^2(6-2-1) = \chi_{0.05}^2(3) = 7.815$,因而拒绝域为

$$W = \{\chi^2 \geqslant 7.815\}.$$

由样本计算 χ^2 值的过程列于下表中. 由此可知 $\chi^2 = 1.332 < 7.815$,这表明样本落入接受域,即可接受抗压服从正态分布的假定.

区间	n_i	$\hat{p}_i$	$n\hat{p}_i$	$\dfrac{(n_i - n\hat{p}_i)^2}{n\hat{p}_i}$
$(-\infty, 200]$	10	0.045	9.0	0.111
$(200, 210]$	26	0.142	28.4	0.203
$(210, 220]$	56	0.281	56.2	0.001
$(220, 230]$	64	0.299	59.8	0.295
$(230, 240]$	30	0.171	34.2	0.516
$(240, +\infty)$	14	0.062	12.4	0.206
合计	200			1.332

由本例可见,当 $F(x)$ 为连续分布时需将取值区间进行分组,从而检验结论依赖于分组,分组不同有可能得出不同的结论,这便是在连续分布场合 χ^2 拟合优度检验的不足之处. 然而在除正态分布外的场合尚缺少专门的检验方法,故不得不用此 χ^2 拟合优度检验.

第五节 列联表的独立性检验

一、问题的提出

引例 某公司有 A、B、C 三位业务员在甲、乙、丙三个地区开展营销业务活动. 他们的年销售额如下表所示.

三位业务员业绩表

	甲	乙	丙	行总数
A	150	140	260	550
B	160	170	290	620
C	110	130	180	420
列总数	420	440	730	1590

现在公司的营销经理需要评价这三个业务员在三个不同地区营销业绩的差异是否显著. 如果差异是显著的,说明对于这三位业务员来说,某个业务员特别适合在某个地区开

展业务. 如果差异不显著, 则把每一位分配在哪一个地区对销售额都不会有影响. 这一问题的关键就是要决定这两个因素对营销业绩的影响是否独立, 还是相互关联的. 统计上经常会遇到这类要求判断两个变量之间是否有联系的问题. 如果两个变量之间没有联系则称作是独立的. 用 χ^2 分布可以检验两个变量之间的独立性问题.

二、χ^2 独立性检验的原理与步骤

在有些实际问题中, 当抽取了一个容量为 n 的样本后, 对样本中每一样品可按不同特性进行分类. 例如在进行失业人员情况调查时, 对抽取的每一位失业人员可按其性别分类, 也可按其年龄分类, 当然还可按其他特征分类. 又如在工厂中调查某产品的质量时, 可按该产品的生产小组分类, 也可按其是否合格分类等等. 当用两个特性对样品分类时, 记这两个特性分别为 X 与 Y, 不妨设 X 有 r 个类别, Y 有 c 个类别, 则可把被调查的 n 个样品按其所属类别进行分类, 列成如下一张 $r \times c$ 的二维表, 这张表也称为 (二维) 列联表.

X \ Y	B_1	B_2	⋯	B_c	合计
A_1	n_{11}	n_{12}	⋯	n_{1c}	$n_1.$
A_2	n_{21}	n_{22}	⋯	n_{2c}	$n_2.$
⋮	⋮	⋮		⋮	⋮
A_r	n_{r1}	n_{r2}	⋯	n_{rc}	$n_r.$
合计	$n._1$	$n._2$	⋯	$n._r$	n

其中 n_{ij} 表示特性 X 属 A_i 类、特性 Y 属 B_j 类的样品数, 即频数. 通常在二维表中还按行、按列分别求出其合计数:

$$n_{i.} = \sum_{j=1}^{c} n_{ij}, \ i = 1, 2, \cdots, r, \ n_{.j} = \sum_{i=1}^{r} n_{ij}, \ j = 1, 2, \cdots, c, \ \sum_{i=1}^{r} n_{i.} = \sum_{j=1}^{c} n_{.j} = n.$$

在这种列联表中, 人们关心的问题是两个特性是否独立, 称这类问题为列联表的独立性经验.

首先我们提出假设: H_0: 两个变量是独立的, 即相互之间没有影响; H_1: 两个变量是不独立的, 即相互之间有影响.

检验的结果如果接受原假设 H_0 就说明不能推翻两个变量是独立的假设; 反之, 拒绝 H_0, 接受 H_1 就说明它们之间是不独立的.

为明确写出检验问题, 记总体为 $\boldsymbol{X}$, 它是二维变量 (X, Y), 这里 X 被分成 r 类 A_1, A_2, $\cdots$, A_r, Y 被分成 c 类 B_1, B_2, $\cdots$, B_c, 并设其中

$$P(\boldsymbol{X} \in A_i \bigcap B_j) = P\{(X \in A_i) \bigcap (Y \in B_j)\} = p_{ij},$$
$$i = 1, 2, \cdots, r, \ j = 1, 2, \cdots, c.$$

又记

$$p_{i\cdot} = P(X \in A_i) = \sum_{j=1}^{c} p_{ij}, \, i = 1, 2, \cdots, r,$$

$$p_{\cdot j} = P(Y \in B_j) = \sum_{i=1}^{r} p_{ij}, \, j = 1, 2, \cdots, c$$

显然 $\sum_{i=1}^{r} p_{i\cdot} = \sum_{j=1}^{c} p_{\cdot j} = 1$.

那么当 X 与 Y 两个特性独立时,应对一切 i、j 有 $p_{ij} = p_{\cdot j} \cdot p_{i\cdot}$,因此检验问题为

$$H_0 : p_{ij} = p_{\cdot j} \cdot p_{i\cdot}, \, \forall i, j; \, H_i : \exists (i, j) p_{ij} \neq p_{\cdot j} \cdot p_{i\cdot}.$$

在 H_0 成立条件下应有 Pearson 统计量,

$$\chi^2 = \sum_{i=1}^{r} \sum_{j=1}^{c} \frac{(n_{ij} - n\hat{p}_{ij})^2}{n\hat{p}_{ij}} = \sum_{i=1}^{r} \sum_{j=1}^{c} \frac{(n_{ij} - n\hat{p}_{i\cdot} \cdot \hat{p}_{\cdot j})^2}{n\hat{p}_{ij}} \overset{d}{\sim} \chi^2((r-1)(c-1)). \tag{4.10}$$

第一个等式是在原假设 H_0 为真时导出的,式中有 $r+c$ 个未知参数 $p_{i\cdot}$、$p_{\cdot j}(i = 1, 2, \cdots, r; j = 1, 2, \cdots, c)$ 需要估计,又由于 $\sum_{i=1}^{r} p_{i\cdot} = \sum_{j=1}^{c} p_{\cdot j} = 1$,因而只有 $r+c-2$ 个独立参数需要估计. 因为各 $p_{i\cdot}$、$p_{\cdot j}(i = 1, 2, \cdots, r; j = 1, 2, \cdots, c)$ 的极大似然估计分别为:

$$\hat{p}_{i\cdot} = n_{i\cdot}/n(i = 1, 2, \cdots, r); \, \hat{p}_{\cdot j} = n_{\cdot j}/n(j = 1, 2, \cdots, c), \, \hat{p}_{ij} = \hat{p}_{i\cdot}\hat{p}_{\cdot j}.$$

因而对检验问题,可采用检验统计量

$$\chi^2 = \sum_{i=1}^{r} \sum_{j=1}^{c} \frac{\left(n_{ij} - n\dfrac{n_{i\cdot}}{n}\dfrac{n_{\cdot j}}{n}\right)^2}{n\dfrac{n_{i\cdot}}{n}\dfrac{n_{\cdot j}}{n}} = \sum_{i=1}^{r} \sum_{j=1}^{c} \frac{(n_{ij} - n_{i\cdot}n_{\cdot j}/n)^2}{n_{i\cdot}n_{\cdot j}/n}. \tag{4.11}$$

在 H_0 为真,n 较大时,χ^2 近似服从自由度是 $n-(r+c-2)-1 = (r-1)(c-1)$ 的 χ^2 分布. 对给定的显著性水平 α,拒绝域为

$$W = \{\chi^2 \geqslant \chi_\alpha^2((r-1)(c-1))\}.$$

例 17. 某地调查了 3000 名失业人员,按性别文化程度分类如下:

文化程度 \ 性别	大专以上	中专技校	高中	初中及以下	合计
男	40	138	620	1043	1841
女	20	72	442	625	1159
合计	60	210	1062	1668	3000

试在 $\alpha = 0.05$ 水平上检验失业人员的性别与文化程度是否有关?

解:这是列联表的独立性检验问题. 在本例中 $r = 2$,$c = 4$,在 $\alpha = 0.05$ 下,$\chi_{0.05}^2((r-$

$1)(c-1))=\chi^2_{0.05}(3)=7.815$，因而拒绝域为：$W=\{\chi^2\geqslant 7.815\}$.

为了计算统计量（4），可列成如下表格计算 $n_i.\cdot n._j/n$：

$n_i.\cdot n._j/n$	大专以上	中专技校	高中	初中及以下	合计
男	36.8	128.9	651.7	1023.6	1841
女	23.2	81.1	410.3	644.4	1159
合计	60	210	1062	1668	3000

从而得

$$\chi^2=\frac{(40-36.8)^2}{36.8}+\frac{(20-23.2)^2}{23.2}+\cdots+\frac{(625-644.4)^2}{644.4}=7.236.$$

由于 $\chi^2=7.326<7.815$，样本落入接受域，从而在 $\alpha=0.05$ 水平上可认为失业人员的性别与文化程度无关.

习题四

1. 一种元件，要求其使用寿命不低于 1000（小时），现在从一批这种元件中随机抽取 25 件，测得其寿命平均值为 950（小时）. 已知这种元件寿命服从标准差 $\sigma=100$（小时）的正态分布，试在显著水平 0.05 下确定这批元件是否合格？

2. 某批矿砂的五个样品中镍含量经测定为（%）：

$$3.25\quad 3.27\quad 3.24\quad 3.26\quad 3.24$$

设测定值服从正态分布，问在 $\alpha=0.01$ 下能否接受假设，这批矿砂的镍含量的均值为 3.25？

3. 确定某种溶液中的水分，它的 10 个测定值 $\overline{x}=0.452\%$，$s=0.035\%$.

设总体为正态分布 $N(\mu,\sigma^2)$，试在显著性水平 5% 下检验假设：

(1) $H_0:\mu\geqslant 0.5\%$；$H_1:\mu<0.5\%$.

(2) $H_0:\sigma\geqslant 0.04\%$；$H_1:\sigma<0.04\%$.

4. 设总体 $X\sim N(\mu,4)$，$X_1,X_2,\cdots,X_{16}$ 为样本，考虑如下检验问题：

$$H_0:\mu=0；\ H_1:\mu=-1.$$

(1) 试证下述三个检验（否定域）犯第一类错误的概率同为 $\alpha=0.05$.

$$V_1=\{2\overline{X}\leqslant -1.645\}；$$

$$V_2=\{1.50\leqslant 2\overline{X}\leqslant 2.125\}；$$

$$V_3=\{2\overline{X}\leqslant -1.96\ 或\ 2\overline{X}\geqslant 1.96\}.$$

(2) 通过计算他们犯第二类错误的概率，说明哪个检验最好？

5. 一骰子投掷了 120 次，得到下列结果：

点数	1	2	3	4	5	6
出现次数	23	26	21	20	15	15

问这个骰子是否均匀？（$\alpha = 0.05$）

6. 某电话站在一小时内接到电话用户的呼唤次数按每分钟记录的如下表：

呼唤次数	0	1	2	3	4	5	6	>=7
频数	8	16	17	10	6	2	1	0

试问这个分布能看作为泊松分布吗？（$\alpha = 0.05$）

7. 从一批滚珠中随机抽取了 50 个，测得他们的直径为（单位：mm）：

15.0　15.8　15.2　15.1　15.9　14.7　14.8　15.5　15.6　15.3
15.1　15.3　15.0　15.6　15.7　14.8　14.5　14.2　14.9　14.9
15.2　15.0　15.3　15.6　15.1　14.9　14.2　14.6　15.8　15.2
15.9　15.2　15.0　14.9　14.8　14.5　15.1　15.5　15.5　15.1
15.1　15.0　15.3　14.7　14.5　15.5　15.0　14.7　14.6　14.2

是否可认为这批滚珠直径服从正态分布？（$\alpha = 0.05$）

8. 下列为某种药治疗感冒效果的 3 * 3 列联表.

疗效 年龄	儿童	成年	老年	$\sum$
显著	58	38	32	128
一般	28	44	45	117
较差	23	18	14	55
$\sum$	109	100	91	300

试问疗效与年龄是否有关？（$\alpha = 0.05$）

9. 自动机床加工轴，从成品中抽取 11 根，并测得它们直径（单位：mm）如下：

10.52　10.41　10.32　10.18　10.64　10.77　10.82　10.67　10.59　10.38　10.49

试检验这批零件的直径是否服从正态分布？（$\alpha = 0.05$，用 W 检验）

10. 用两种材料的灯丝制造灯泡，今分别随机抽取若干个进行寿命试验，其结果如下：
甲（小时）：1610　1650　1680　1700　1750　1720　1800
乙（小时）：1580　1600　1640　1640　1700

试用 t 检验法检验两种材料制成的灯泡的使用寿命有无显著差异？（$\alpha = 0.05$）

11. 对 20 台电子设备进行 3000 小时寿命试验，共发生 12 次故障，故障时间为：

340　430　560　920　1380　1520　1660　1770　2100　2320　2350　1650

试问在显著水平 $\alpha = 0.10$ 下，故障事件是否服从指数分布？

第五章

相关分析和回归分析

第一节　相关分析

一、相关分析

（一）相关的概念

两个变量之间不精确、不稳定的变化关系称为相关关系. 两个变量之间的变化关系, 既表现在变化方向上, 又表现在密切程度上.

（二）相关的种类

1. 从变化方向上划分

正相关：一个变量值增大, 另一个变量对应值随之增大；或另一个变量值减小, 另一个变量对应值随之减小, 两列变量变化方向相同.

负相关：一个变量值增大, 另一个变量对应值随之减少；或一个变量值减小, 另一个变量对应值随之增大, 两列变量变化方向相反.

零相关：两变量值的变化方向无规律.

2. 从变量相互关系的程度上划分

无论两个变量的变化方向是否一致, 凡密切程度高的称为强相关或高度相关；密切程度一般的称为中度相关；密切程度弱的称为弱相关或低度相关.

（三）相关散布图

相关散布图是表示两种事物之间的相关性及联系的模式. 以直角坐标的横轴表示 x 列变量, 纵轴表示 y 列变量, 在相关的两变量对应值的垂直相交处画点, 构成相关散布图.

相关散布图的用途：

1. 判断相关是否直线式

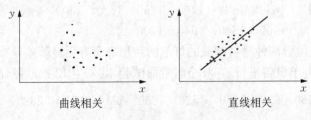

曲线相关　　　　　　直线相关

图 5-1

2. 判断相关密切程度高低

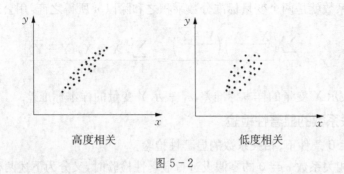

高度相关　　　　　　低度相关

图 5 - 2

3. 判断相关变化方向,如图 5-3 所示.

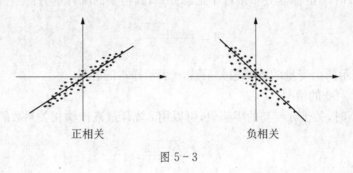

正相关　　　　　　负相关

图 5 - 3

(四) 相关系数

用来描述两个变量相互之间变化方向及密切程度的数字特征量称为相关系数. 一般用 r 表示.

注:(1) 相关系数的数值范围是 $0 \leqslant |r| \leqslant 1$.

(2) 从 r 的正负以及绝对值的大小,可以表明两个变量之间变化的方向及密切程度. "+"、"一"号表示变化方向("+"号表示变化方向一致,即正相关;"一"号表示变化方向相反,即负相关),r 的绝对值表示两变量之间的密切程度(即强度). 绝对值越接近 1,表示两个变量之间关系越密切;越接近 0,表示两个变量之间关系越不密切.

(3) 相关系数只能描述两个变量之间的变化方向及密切程度,并不能揭示两者之间的内在本质联系. 另外若两个变量的相关系数为 0,只能表示两个变量之间没有线性关系,也可能存在曲线关系,即 $r = 0$,并不意味着两变量是独立的.

(五) 积差相关

1. 积差相关的概念

当两个变量都是正态连续变量,且两者之间呈线性关系时,称这两个变量之间的相关称积差相关.

2. 积差相关的适用条件

(1) 两变量均应由测量得到的连续性数据(量—量数据).

(2) 两个变量的总体都呈是正态分布,或接近正态的单峰对称分布.

3. 积差相关系数的定义公式

积差相关系数就是两个变量标准分数乘积之和除以 n 所得之商.用公式可表示为:

$$r = \frac{\sum \left(\dfrac{X - \overline{X}}{\sigma_X} \right) \left(\dfrac{Y - \overline{Y}}{\sigma_Y} \right)}{n} = \frac{\sum (X - \overline{X})(Y - \overline{Y})}{n\sigma_X\sigma_Y},$$

其中,σ_X 表示 X 变量的样本标准差,σ_Y 表示 Y 变量的样本标准差.

(六) 相关系数的显著性检验

1. $H_0 : \rho = 0$ 条件下,相关系数的显著性检验

对于总体相关系数 $\rho = 0$ 的零假设进行显著性检验时,又分为下述两种情况.

(1) 当 $n \geqslant 50$ 的情况:

当 $n \geqslant 50$ 时,r 的抽样分布接近于正态分布,其检验的统计量为:

$$Z = \frac{r\sqrt{n-1}}{1-r^2},$$

其中,r 表示两个变量的积差相关系数,n 表示样本的容量.

(2) 当 $n \leqslant 50$ 的情况:

当 $n \leqslant 50$ 时,关于 $\rho = 0$ 的零假设,可以用 t 统计量来检验相关系数的显著性.

$$t = \frac{r\sqrt{n-2}}{\sqrt{1-r^2}},$$

其中,r 表示两个变量的积差相关系数,n 表示样本的容量.

例1. 从高一学生中随机抽取 26 名学生,其数学与英语考试成绩的积差相关系数为 0.65,试问从总体上讲,数学与英语考试成绩是否相关?

解:(1) 提出假设:$H_0 : \rho = 0$; $H_1 : \rho \neq 0$.

(2) 选择检验统计量并计算其值.

由于假设 $\rho = 0$,由相关系数检验中的(2)知,选择 t 作为检验统计量,将 $r = 0.65$,$n = 26$ 代入公式,得

$$t = \frac{0.65\sqrt{26-2}}{\sqrt{1-0.65^2}} = 4.190.$$

(3) 确定检验的形式:双侧检验.

(4) 统计决断.

根据 $df = n - 2 = 26 - 2 = 24$,查 t 值表得,$t_{0.025}(24) = 2.064$,$t_{0.005}(24) = 2.79$.由于实际的 $|t| = 4.190 > 2.797$.

根据统计决断规则,在 0.01 的显著性水平上拒绝原假设.

结论:从总体上看,高一学生数学与英语考试成绩呈正相关.

2. $H_0 : \rho = \rho_0 (\rho_0 \neq 0)$ 条件下,相关系数的显著性检验

检验步骤:

(1) 提出假设 $H_0 : \rho = \rho_0 (\rho_0 \neq 0)$,$H_1 : \rho \neq \rho_0$.

（2）查 r 与 Z_r 的转换表将 r 转换成 Z_r，ρ 转换成 Z_ρ.

（3）选择检验统计量并计算其值.

由于 Z_r 的抽样分布呈正态分布，则检验统计量为

$$Z = \frac{Z_r - Z_\rho}{\dfrac{1}{\sqrt{n-3}}} = (z_r - z_\rho)\sqrt{n-3},$$

其中 $\dfrac{1}{\sqrt{n-3}}$ 表示 Z_r 的标准误差，其中 n 代表样本容量.

（4）确定检验的形式.

（5）统计决断.

例2. 有 26 名高一学生的数学与英语考试成绩的积差相关系数为 0.65 是否来自于相关系数等于 0.5 的总体？

解：（1）提出假设，$H_0:\rho = \rho_0 (\rho_0 \neq 0)$，$H_1:\rho \neq \rho_0$.

（2）进行 r 与 Z_r 的转换：查 r 与 Z_r 转换表得，与 $r = 0.65$ 相对应的 $Z_r = 0.775$，与 $\rho = 0.5$ 相对应的 $Z_\rho = 0.549$.

（3）选择统计量并计算——由于 Z_r 的抽样分布呈正态分布，故选择 Z 作为统计量，将上述数据代入公式：

$$Z = \frac{Z_r - Z_p}{\dfrac{1}{\sqrt{n-3}}} = (Z_r - Z_p)\sqrt{n-3} = (0.775 - 0.549)\sqrt{26-3} = 1.08.$$

（4）统计决断：由于实际算出的 $|Z| = 1.08 < 1.96 = Z_{0.025}$，根据双侧 Z 检验统计决断规则，则 $P > 0.05$. 于是，只得保留原假设. 结论是：在 0.05 的显著性水平上可以认为，高一学生数学与英语考试成绩总体相关系数一致，来源于总体.

（七）其他相关系数

1. 等级相关系数

等级相关是指以等级次序排列或以等级次序表示的变量之间的相关. 我们主要介绍斯皮尔曼等级相关.

（1）斯皮尔曼等级相关的概念及适用条件.

两变量是等级测量数据，且总体不一定呈正态分布，样本容量也不一定大于 30，这样两变量的相关，称为斯皮尔曼等级相关.

适用条件：

① 两变量的资料为等级测量数据，且具有线性关系.

② 对于粗略估计到的连续变量的测量数据，按其大小排成等级，亦可用等级相关计算.

③ 不要求总体呈正态分布.

（2）相关系数的计算.

计算等级相关系数的公式为：

$$r_R = 1 - \frac{6\sum D^2}{n(n^2-1)},$$

其中 r_R 表示等级相关系数，D 表示两个变量每对数据等级（不是指原始的等级）之差，n 表示样本的容量.

注：若出现相同的等级分数时，可用它们所占等级位置的平均数作为它们的等级.

如下例，X 列中 90 分有两个，且所占等级位置分别为 3、4，故取它们的平均值 $(3+4)/2=3.5$.

例 3. 某校为了研究学生自学能力与学业成绩之间的关系，随机抽取 10 名学生的自学能力和学科成绩，见下表，求其相关系数.

序号	X(能力)	等级	Y(成绩)	等级	D	D^2
1	90	3.5	88	4	-1	0.25
2	85	7	80	6	1	1
3	70	10	80	6	4	16
4	85	7	79	8	-1	1
5	90	3.5	95	2.5	1	1
6	80	9	70	10	-1	1
7	85	7	75	9	-2	4
8	100	1	98	1	0	0
9	87	5	80	6	-1	1
10	92	2	92	2.5	-1	0.25
$\sum$						25.5

解：$r_R = 1 - \dfrac{6\sum D^2}{n(n^2-1)} = 1 - \dfrac{6 \times 25.5}{10(100-1)} = 0.85$，

即学生的自学能力与学习成绩的相关程度是 0.85.

2. 点二列相关(质一量相关)

(1) 概念及适用条件.

两列变量一列是正态连续变量，另一列是二分变量，描述这两个变量之间的相关，称为点二列相关.

适用条件：一列是正态连续变量，另一列是二分变量(如男与女，对与错等).

(2) 相关系数的计算.

$$r_{pb} = \frac{\overline{X_p} - \overline{X_q}}{\sigma_t} \sqrt{pq},$$

其中，p 为二分变量中某一项所占比例，

q 为二分变量中另一项所占比例，

$\overline{X_p}$ 为二分变量中比例为 p 部分所对应的连续变量的平均数，

$\overline{X_q}$ 为二分变量中比例为 q 部分所对应的连续变量的平均数，

σ_t 为连续变量的标准差.

另一种表示形式为：

$$r_{pb} = \frac{\overline{X_p} - \overline{X_t}}{\sigma_t} \sqrt{\frac{p}{q}},$$

其中,$\overline{X_t}$表示连续变量中所有分数的平均数.

第二节 回归分析

相关表示的是两个变量之间的双向相互的关系. 如果我们将存在相关的两个变量,一个作为自变量,另一个作为因变量,并把两者之间不十分准确、稳定的关系,用数学方程式来表达,则可利用该方程由自变量的值来估计、预测因变量的估计值,这一过程称为回归分析. 可见,回归表示的是一个变量随另一个变量作不同程度变化的单向关系.

回归分析的目的在于了解两个或多个变量间是否相关、相关方向与强度,并建立数学模型以便观察特定变量来预测研究者感兴趣的变量.

在教育研究中,不少变量之间存在一定的关系,但是由于关系比较复杂,而且受偶然因素影响较大,从而两者只是一种不十分确定的回归关系. 如果散点的分布有明确的直线趋势,我们就可以配制一条最能代表散点图上分布趋势的直线,这条最优拟合线即称为回归线. 确定回归线的方程称为回归方程.

一、一元线性回归方程的建立

$$y = \beta_0 + \beta_1 x + \varepsilon. \tag{5.1}$$

这便是y关于x的一元线性回归的数据结构式. 这里总假定x为一般变量,是非随机变量,其值是可以精确测量或严格控制的,β_0、β_1为未知数,β_1是直线的斜率,它表示x每增加一个单位$E(y)$的增加量. ε是随机误差,通常假定

$$E(\varepsilon) = 0, \ Var(\varepsilon) = \sigma^2.$$

在对未知参数作区间估计或假设检验时,还需要假定误差服从正态分布,即

$$\varepsilon \sim N(0, \sigma^2).$$

由于β_0、β_1均未知,需要我们从收集到的数据(x_i, y_i),$i = 1, 2, \cdots, n$出发进行估计. 在收集数据时,我们一般要求观测独立地进行,即假定$y_1, y_2, \cdots, y_n$相互独立. 综合上述诸项假定,我们可以给出最简单的、常用的一元线性回归的统计模型

$$\begin{cases} y_i = \beta_0 + \beta_1 x_i + \varepsilon_i, \ i = 1, 2, \cdots, n, \\ \text{各}\varepsilon_i\text{独立同分布,其分布为} N(0, \sigma^2). \end{cases}$$

由数据(x_i, y_i),$i = 1, 2, \cdots, n$可以获得β_0、β_1的估计$\hat{\beta}_0$、$\hat{\beta}_1$,称

$$\hat{y} = \hat{\beta}_0 + \hat{\beta}_1 x \tag{5.2}$$

为 y 关于 x 的经验回归函数,简称为回归方程,其图形称为回归直线. 给定 $x = x_0$ 后,称 $\hat{y}_0 = \hat{\beta}_0 + \hat{\beta}_1 x_0$ 为回归值(在不同场合也称其为拟合值、预测值).

二、回归系数的最小二乘估计

一般采用最小二乘方法估计模型中的 β_0、β_1. 令

$$Q(\beta_0, \beta_1) = \sum_{i=1}^{n} (y_i - \beta_0 - \beta_1 x_i)^2,$$

其中 $\hat{\beta}_0$、$\hat{\beta}_1$ 应该满足

$$Q(\hat{\beta}_0, \hat{\beta}_1) = \min_{\beta_0, \beta_1} Q(\beta_0, \beta_1),$$

这样得到的 $\hat{\beta}_0$、$\hat{\beta}_1$ 称为 β_0、β_1 的**最小二乘估计**,记为 LSE.

由于 $Q \geqslant 0$,且对 β_0、β_1 的导数存在,因此最小二乘估计可以通过求偏导数并令其为 0 而得到

$$\begin{cases} \dfrac{\partial Q}{\partial \beta_0} = -2 \sum_{i=1}^{n} (y_i - \beta_0 - \beta_1 x_i) = 0, \\ \dfrac{\partial Q}{\partial \beta_1} = -2 \sum_{i=1}^{n} (y_i - \beta_0 - \beta_1 x_i) x_i = 0. \end{cases}$$

这个方程组称为**正规方程组**,经过整理,可得

$$\begin{cases} n\hat{\beta}_0 + n\bar{x}\,\hat{\beta}_1 = n\bar{y}, \\ n\bar{x}\,\hat{\beta}_0 + \sum x_i^2\,\hat{\beta}_1 = \sum x_i y_i, \end{cases}$$

(今后凡是不作说明"$\sum$"都表示"$\sum_{i=1}^{n}$"). 记

$$\bar{x} = \frac{1}{n} \sum x_i, \ \bar{y} = \frac{1}{n} \sum y_i,$$

$$l_{xy} = \sum (x_i - \bar{x})(y_i - \bar{y}) = \sum x_i y_i - n\bar{x} \cdot \bar{y} = \sum x_i y_i - \frac{1}{n} \sum x_i \sum y_i,$$

$$l_{xx} = \sum (x_i - \bar{x})^2 = \sum x_i^2 - n\bar{x}^2 = \sum x_i^2 - \frac{1}{n} \left(\sum x_i \right)^2,$$

$$l_{yy} = \sum (y_i - \bar{y})^2 = \sum y_i^2 - n\bar{y}^2 = \sum y_i^2 - \frac{1}{n} \left(\sum y_i \right)^2,$$

从而可得

$$\begin{cases} \hat{\beta}_1 = l_{xy} / l_{xx}, \\ \hat{\beta}_0 = \bar{y} - \hat{\beta}_1 \bar{x}. \end{cases}$$

这就是参数 β_0、β_1 的最小二乘估计,其计算可通过列表进行.

三、回归方程的显著性检验

从回归系数的 LSE 可以看出,对任意给出的 n 对数据 (x_i, y_i),都可以求出 $\hat{\beta}_0$、$\hat{\beta}_1$,从

而可写出回归方程 $\hat{y} = \hat{\beta}_0 + \hat{\beta}_1 x$,但是这样给出的回归方程不一定有意义.

在使用回归方程以前,首先应对回归方程是否有意义进行判断. 什么叫回归方程有意义呢? 我们知道,建立回归方程的目的是寻找 y 的均值随 x 的变化的规律,即找出回归方程 $E(y) = \beta_0 + \beta_1 x$. 如果 $\beta_1 = 0$,那么不管 x 如何变化,$E(y)$ 不随 x 的变化作线性变化,那么这时求得的一元线性回归方程就没有意义,或称回归方程**不显著**. 如果 $\beta_1 \neq 0$,那么当 x 变化时,$E(y)$ 随 x 的变化作线性变化,那么这时求得的回归方程就有意义,或称回归方程是**显著**的.

综上,对回归方程是否有意义作判断就是要对如下的检验问题作出判断.

检验假设 $\qquad\qquad H_0 : \beta_1 = 0, \ H_1 : \beta_1 \neq 0,$

拒绝 H_0 表示回归方程是显著的.

在一元线性回归方程中有三种等价的检验方法,使用时只要任选其中之一即可. 下面分别加以介绍.

(一) F 检验

采用方差分析的思想,我们从数据出发研究各 y_i 不同的原因. 首先引入记号并称 $\hat{y}_i = \hat{\beta}_0 + \hat{\beta}_1 x_i$ 为 x_i 处的**回归值**,又称 $y_i - \hat{y}_i$ 为 x_i 处的**残差**.

数据总的波动用**总偏差平方和**

$$S_T = \sum (y_i - \bar{y})^2 = l_{yy}$$

表示. 引起各 y_i 不同的原因主要有两类因素:其一是 H_0 可能不真,即 $\beta_1 \neq 0$,从而 $E(y) = \beta_0 + \beta_1 x$ 随 x 的变化而变化,即在每一个 x 的观测值处的回归值不同,其波动用**回归平方和**

$$S_R = \sum (\hat{y}_i - \bar{y})^2$$

表示;其二是其他一切因素,包括随机误差、x 对 $E(y)$ 的非线性影响等,这样在得到回归值以后,y 的观测值与回归值还有差距,这可用**残差平方和**

$$S_e = \sum (y_i - \hat{y}_i)^2$$

表示.

为了对上述诸平方和实施方差分析,下面我们要证明重要的平方和分解式,为此首先注意到 $\hat{\beta}_0$、$\hat{\beta}_1$ 满足正规方程组,因此,由 $\sum (y_i - \hat{\beta}_0 - \hat{\beta}_i) = 0$,得 $\sum (y_i - \hat{y}_i) = 0$,

由 $\sum (y_i - \hat{\beta}_0 - \hat{\beta}_1 x_i) x_i = 0$,得 $\sum (y_i - \hat{y}_i) x_i = 0$.

利用 $\hat{y}_i = \hat{\beta}_0 + \hat{\beta}_1 x_i = \bar{y} + \hat{\beta}_1 (x_i - \bar{x})$,可得

$$\sum (y_i - \hat{y}_i)(\hat{y}_i - \bar{y}) = \sum (y_i - \hat{y}_i)[\hat{\beta}_i (x_i - \bar{x})]$$
$$= \hat{\beta}_1 \Big[\sum (y_i - \hat{y}_i) x_i - \sum (y_i - \hat{y}_i) \bar{x} \Big] = 0,$$

从而

$$S_T = \sum (y_i - \bar{y})^2 = \sum (y_i - \hat{y}_i + \hat{y}_i - \bar{y})^2 = \sum (y_i - \hat{y}_i)^2 + \sum (\hat{y}_i - \bar{y})^2,$$

即

$$S_T = S_R + S_e,$$

上式就是一元线性回归场合下的**平方和分解式**.

关于 S_R 和 S_e 所含有的成分有如下定理说明.

定理 5.1 设 $y_i = \beta_0 + \beta_1 x_i + \varepsilon_i$,其中 ε_i, ε_2, $\cdots$, ε_n 相互独立,且

$$E\varepsilon_i = 0, \ Var(y_i) = \sigma^2, \ i = 1, 2, \cdots, n.$$

沿用上面的记号,有

$$E(S_R) = \sigma^2 + \beta_1^2 l_{xx}, \ E(S_e) = (n-2)\sigma^2,$$

即 $\hat{\sigma}^2 = S_e/(n-2)$ 是 σ^2 的无偏估计.

证明:首先我们可以写出 S_R 的简化公式:

$$S_R = \sum (\hat{y}_i - \bar{y})^2 = \sum [\bar{y} + \hat{\beta}_1 (x_i - \bar{x}) - \bar{y}]^2 = \hat{\beta}_1^2 l_{xx},$$

从而

$$E(S_R) = E(\hat{\beta}_1^2) l_{xx} = [\text{Var}(\hat{\beta}_1) + (E\hat{\beta}_1)^2] \cdot l_{xx}$$
$$= \left(\frac{\sigma^2}{l_{xx}} + \beta_1^2 \right) l_{xx} = \sigma^2 + \beta_1^2 l_{xx},$$

且

$$S_e = \sum (y_i - \hat{y}_i)^2$$
$$= \sum (\beta_0 + \beta_1 x_i + \varepsilon_i - \hat{\beta}_0 - \hat{\beta}_1 x_i)^2$$
$$= \sum [(\hat{\beta}_0 - \beta_0)^2 + x_i^2 (\hat{\beta}_1 - \beta_1)^2 + \varepsilon_i^2 + 2(\hat{\beta}_0 - \beta_0)(\hat{\beta}_1 - \beta_1) x_i$$
$$- 2(\hat{\beta}_0 - \beta_0)\varepsilon_i - 2(\hat{\beta}_1 - \beta_1) x_i \varepsilon_i],$$

故

$$E(S_e) = n\text{Var}(\hat{\beta}_0) + \sum x_i^2 \text{Var}(\hat{\beta}_1) + n\text{Var}(\varepsilon) + 2n\bar{x}\text{Cov}(\hat{\beta}_0, \hat{\beta}_1)$$
$$- 2\sum E(\hat{\beta}_0 \varepsilon_i) - 2\sum x_i E(\hat{\beta}_1 \varepsilon_i),$$

将 $\hat{\beta}_0$、$\hat{\beta}_1$ 写成 $y_1, y_2, \cdots, y_n$ 的线性组合,利用 y_j 与 $\varepsilon_i (i \neq j)$ 的独立性,有

$$E(\hat{\beta}_0 \varepsilon_i) = E\left[\varepsilon_i \sum_j \left(\frac{1}{n} - \frac{(x_j - \bar{x})\bar{x}}{l_{xx}} \right) y_j \right] = \left(\frac{1}{n} - \frac{(x_i - \bar{x})\bar{x}}{l_{xx}} \right) \sigma^2,$$

$$E(\hat{\beta}_1 \varepsilon_i) = E\left[\varepsilon_i \sum_j \frac{x_j - \bar{x}}{l_{xx}} y_j \right] = \frac{x_i - \bar{x}}{l_{xx}} \sigma^2,$$

由此即有

$$\sum E(\hat{\beta}_0\varepsilon_i) = \sigma^2, \sum x_i E(\hat{\beta}_1\varepsilon_i) = \sigma^2.$$

从而

$$E(S_e) = n\left[\frac{1}{n} + \frac{\bar{x}^2}{l_{xx}}\right]\sigma^2 + \sum \frac{x_i^2}{l_{xx}}\sigma^2 + n\sigma^2 - \frac{2n\bar{x}^2}{l_{xx}}\sigma^2 - 2\sigma^2 - 2\sigma^2$$

$$= (1+n-4)\sigma^2 + \frac{1}{l_{xx}}\sum (x_i - \bar{x})^2\sigma^2 = (n-2)\sigma^2,$$

这就完成了证明.

(二) t 检验

对 $H_0: \beta_1 = 0$ 的检验也可基于 t 分布进行. 由于 $\hat{\beta}_1 \sim N\left(\beta_1, \frac{\sigma^2}{l_{xx}}\right), \frac{S_e}{\sigma^2} \sim \chi^2(n-2)$, 且与 $\hat{\beta}_1$ 相互独立, 因此在 H_0 为真时, 有

$$t = \frac{\hat{\beta}_1}{\hat{\sigma}/\sqrt{l_{xx}}} \sim t(n-2),$$

其中 $\hat{\sigma} = \sqrt{S_e/(n-2)}$, 由于 $\sigma_{\hat{\beta}_1} = \sigma/\sqrt{l_{xx}}$, 因此称 $\hat{\sigma}_{\hat{\beta}_1} = \hat{\sigma}/\sqrt{l_{xx}}$ 为 $\hat{\beta}_1$ 的标准差, 即 $\hat{\beta}_1$ 的标准差的估计. 该式表示的 t 统计量可用来检验假设 H_0. 对给定的显著水平 α, 拒绝域为

$$W = \{|t| > t_{1-\alpha/2}(n-2)\}.$$

注意到 $t^2 = F$, 因此, t 检验与 F 检验是等同的.

(三) 相关系数检验

考察以一元线性回归方程能否反映两个随机变量 x 与 y 间的线性相关关系时, 它的显著性检验还可以通过对二维总体相关系数 ρ 的检验进行. 它的一对假设是

$$H_0: \rho = 0, \quad H_1: \rho \neq 0.$$

所用的检验统计量为样本相关系数

$$r = \frac{\sum (x_i - \bar{x})(y_i - \bar{y})}{\sqrt{\sum (x_i - \bar{x})^2 \sum (y_i - \bar{y})^2}} = \frac{l_{xy}}{\sqrt{l_{xx}l_{yy}}} \tag{5.3}$$

其中 $(x_i, y_i), i=1, 2, \cdots, n$ 是容量为 n 的二维样本.

利用施瓦茨不等式可以证明: 样本相关系数也满足 $|r| \leqslant 1$, 其中等号成立条件是存在两个实数 a 与 b, 使得对 $i, i=1, 2, \cdots, n$ 几乎处处有 $y_i = a + bx_i$. 由此可见, n 个点 $(x_i, y_i), i=1, 2, \cdots, n$ 在散点图上的位置与样本相关系数 r 有关, 譬如:

① $r = \pm 1$, n 个点完全在一条上升或下降的直线上.

② $r > 0$, 当 x 增加时, y 有线性增加趋势, 此时称正相关.

③ $r < 0$, 当 x 增加时, y 反而有线性减少趋势, 此时称负相关.

④ $r = 0$, n 个点可能杂乱无章, 也可能呈某种曲线趋势, 此时称不相关.

根据样本相关系数的上述性质, 检验原假设 $H_0: \rho = 0$ 的拒绝域为 $W = \{|r| \geqslant c\}$, 其

中临界值 c 可由 $H_0: \rho = 0$ 成立时样本相关系数的分布定出,该分布与自由度 $n-2$ 有关.

对给定的显著性水平 α,由 $P(W) = P(|r| \geqslant c) = \alpha$ 知,临界值 c 应是 $H_0: \rho = 0$ 成立下 $|r|$ 的分布的 $1-\alpha$ 分位数,故可记为 $c = r_{1-\alpha}(n-2)$. 我们还可以用 F 分布来确定临界值 c,下面加以叙述.

由样本相关系数的定义可以得到统计量 r 与 F 之间的关系

$$r^2 = \frac{l_{xy}^2}{l_{xx}l_{yy}} = \frac{S_R}{S_T} = \frac{S_R}{S_R + S_e} = \frac{S_R/S_e}{S_R/S_e + 1},$$

而

$$F = \frac{MS_R}{MS_e} = \frac{S_R}{S_e/(n-2)} = \frac{(n-2)S_R}{S_e}.$$

两者综合,可得

$$r^2 = \frac{F}{F + (n-2)}.$$

这表明,$|r|$ 是 F 的严格单调增函数,故可以从 F 分布的 $1-\alpha$ 分位数 $F_{1-\alpha}(1, n-2)$ 得到 $|r|$ 的 $1-\alpha$ 分位数为

$$c = r_{1-\alpha}(n-2) = \sqrt{\frac{F_{1-\alpha}(1, n-2)}{F_{1-\alpha}(1, n-2) + n-2}}.$$

例如,对 $\alpha = 0.01$,$n = 12$,查表知 $F_{0.99}(1, 10) = 10.04$,于是

$$r_{0.99}(10) = \sqrt{\frac{10.04}{10.04 + 10}} = 0.7078.$$

注:上述三个检验在考察一元线性回归时是等价的,但在多元线性回归方程场合,经推广 F 检验仍可用,另两个检验就无法使用了.

四、估计与预测

当回归方程经过检验是显著的后,可用来作估计和预测,这是两个不同的问题:

① 当 $x = x_0$ 时,寻求均值 $E(y_0) = \beta_0 + \beta_1 x_0$ 的点估计与区间估计(注意这里 $E(y_0)$ 是常量),这是**估计问题**.

② 当 $x = x_0$ 时,y_0 的观测值在什么范围内?由于 y_0 是随机变量,一般只求一个区间,使 y_0 落在这一区间的概率为 $1-\alpha$,即要求 δ,使 $P(|y_0 - \hat{y}_0| \geqslant \delta) = 1-\alpha$,称区间 $[\hat{y}_0 - \delta, \hat{y}_0 + \delta]$ 为 y_0 的概率为 $1-\alpha$ 的预测区间,这是**预测问题**.

(一) $E(y_0)$ 的估计

在 $x = x_0$ 时,其对应的因变量 y_0 是一个随机变量,有一个分布,我们经常需要对该分布的均值给出估计. 我们知道,该分布的均值 $E(y_0) = \beta_0 + \beta_1 x_0$. 因此,一个直观的估计应为

$$\hat{E}(y_0) = \hat{\beta}_0 + \hat{\beta}_1 x_0.$$

简单起见,我们习惯上将上述估计记为$\hat{y}_0$(注意,作为估计这里$\hat{y}_0$表示的是$E(y_0)$的估计,而不表示y_0的估计,因为y_0是随机变量,它不能被估计,但对其可以作预测,事实上,若$\hat{y}_0$是预测y_0的最可能取值,则y_0的点预测也是$\hat{y}_0$).由于$\hat{\beta}_0$、$\hat{\beta}_1$分别是β_0、β_1的无偏估计,因此,$\hat{y}_0$也是$E(y_0)$的无偏估计.

为了得到$E(y_0)$的区间估计,我们需要知道$\hat{y}_0$的分布.由定理可得

$$\hat{y}_0 = \hat{\beta}_0 + \hat{\beta}_1 x_0 \sim N\Big(\beta_0 + \beta_1 x_0, \Big[\frac{1}{n} + \frac{(x_0 - \bar{x})^2}{l_{xx}}\Big]\sigma^2\Big).$$

又由定理知,$S_e/\sigma^2 \sim \chi^2(n-2)$,且与$\hat{y}_0 = \bar{y} + \hat{\beta}_1(x_0 - \bar{x})$相互独立,记

$$\hat{\sigma}^2 = \frac{S_e}{n-2},$$

则

$$\frac{(\hat{y}_0 - Ey_0)/\sigma\sqrt{\dfrac{1}{n} + \dfrac{(x_0 - \bar{x})^2}{l_{xx}}}}{\sqrt{\dfrac{S_e}{\sigma^2}/(n-2)}} = \frac{\hat{y}_0 - Ey_0}{\hat{\sigma}\sqrt{\dfrac{1}{n} + \dfrac{(x_0 - \bar{x})^2}{l_{xx}}}} \sim t(n-2).$$

于是$E(y_0)$的$1-\alpha$的置信区间是

$$[\hat{y}_0 - \delta, \ \hat{y}_0 + \delta],$$

其中

$$\delta = t_{1-\alpha/2}(n-2)\hat{\sigma}\sqrt{\frac{1}{n} + \frac{(x_0 - \bar{x})^2}{l_{xx}}}.$$

(二)y_0的预测区间

之前给出了$x = x_0$时对应的因变量的均值$E(y_0)$的区间估计,实用中往往更关心$x = x_0$时对应的因变量y_0的取值范围.我们举一个不是非常贴切的例子来说明这两者之间的差别:设想你要去买一台某厂生产的某种型号的彩电,那么你就会很关心彩电的寿命——它能正常使用多长时间.而彩电的寿命是一个随机变量,该厂生产的该型号的彩电寿命有一个分布,其均值就是它的平均寿命,当然,这是一个重要的质量指标,我们可以对它给出估计,譬如,平均寿命的显著性水平0.95置信区间为$(12,18)$(单位:千小时).然而,作为消费者,我们更关心的可能是我们所购买的这台彩电的寿命在一个什么范围内,我们所购买的这台彩电的寿命是一个随机变量,我们能否对该随机变量的取值给出一个预测区间呢?这就是我们这里要讨论的预测问题.

事实上,$y_0 = E(y_0) + \varepsilon$,由于通常假定$\varepsilon \sim N(0, \sigma^2)$,因此,$y_0$的最可能取值仍然为$\hat{y}_0$,于是,我们可以使用以$\hat{y}_0$为中心的一个区间$(\hat{y}_0 - \delta, \hat{y}_0 + \delta)$作为$y_0$的取值范围,为确定$\delta$的值,我们需要如下的结果:由于$y_0$与$\hat{y}_0$独立,故

$$y_0 - \hat{y}_0 \sim N\Big(0, \Big[1 + \frac{1}{n} + \frac{(x_0 - \bar{x})^2}{l_{xx}}\Big]\sigma^2\Big).$$

因此有

$$\frac{y_0 - \hat{y}_0}{\hat{\sigma}\sqrt{1 + \dfrac{1}{n} + \dfrac{(x_0 - \bar{x})^2}{l_{xx}}}} \sim t(n-2),$$

从而表示的预测区间中 δ 的表达式为

$$\delta = \delta(x_0) = t_{1-\alpha/2}(n-2)\hat{\sigma}\sqrt{1 + \frac{1}{n} + \frac{(x_0 - \bar{x})^2}{l_{xx}}}.$$

上述预测区间与 $E(y_0)$ 的置信区间的差别就在于根号里多个 1,计算时要注意到这个差别,这个差别导致预测区间要比置信区间宽很多.

习题五

1. 假设回归直线过原点,即一元线性回归模型为

$y_i = \beta x_i + \varepsilon_i$, $i = 1, 2, \cdots, n$, $E(\varepsilon_i) = 0$, $\mathrm{Var}(\varepsilon_i) = \sigma^2$,诸观测值相互独立.

(1) 写出 β 的最小二乘估计和 σ^2 的无偏估计;

(2) 对给定的 x_0,其对应的因变量均值的估计为 $\hat{y}_0$,求 $\mathrm{Var}(\hat{y}_0)$.

2. 设回归模型为

$$\begin{cases} y_i = \beta_0 + \beta_1 x_i + \varepsilon_i, \ i = 1, 2, \cdots, n, \\ \text{各 } \varepsilon_i \text{ 独立同分布,其分布为 } N(0, \sigma^2). \end{cases}$$

试求 β_0、β_1 的极大似然估计,它们与其最小二乘估计一致吗?

3. 在回归分析计算中,常对数据进行变换

$$\widetilde{y}_i = \frac{y_i - c_1}{d_1}, \ \widetilde{x}_i = \frac{x_i - c_2}{d_2}, \ i = 1, 2, \cdots, n,$$

其中 c_1、c_2、$d_1(d_1 > 0)$、$d_2(d_2 > 0)$ 是适当选取的常数.

(1) 试建立由原始数据和变换后数据得到的最小二乘估计、总平方和、回归平方和以及残差平方和之间的关系;

(2) 证明:由原始数据和变换后数据得到的 F 检验统计量的值保持不变.

4. 对给定的 n 组数据 (x_i, y_i), $i = 1, 2, \cdots, n$,若我们关心的是 y 如何依赖 x 的取值而变动,则可以建立回归方程 $\hat{y} = a + bx$.

反之,若我们关心的是 x 如何依赖 y 的取值而变动,则可以建立另一个回归方程

$$\hat{x} = c + dy.$$

试问这两条直线在直角坐标系中是否重合? 为什么? 若不重合,它们有无交点? 若有,试给出交点的坐标.

5. 为考察某种维尼纶纤维耐水性能,安排了一组试验,测得其甲醇浓度 x 及相应的"缩醇化度",数据如下:

甲醇浓度	20	22	24	26	28	30
缩醛化度	28.35	28.75	28.87	29.75	30.0	30.36

(1) 作散点图；

(2) 求样本相关系数；

(3) 建立一元线性回归方程；

(4) 对建立的回归方程作显著性检验（$\alpha = 0.01$）.

6. 测得一组弹簧形变 x（单位：cm）和相应的外力 y（单位：N）数据如下：

y	1	1.2	1.4	1.6	1.8	2.0	2.2	2.4	2.8	3.0
x	3.08	3.76	4.31	5.02	5.51	6.25	6.74	7.40	8.54	9.24

由胡克定律知 $\hat{y} = kx$，试估计 k，并在 $x = 2.6\,\mathrm{cm}$ 处给出相应的外力 y 的显著性水平 0.95 的预测区间.

7. 设由 (x_i, y_i)，$i = 1, 2, \cdots, n$ 可建立一元线性回归方程，$\hat{y}_i$ 是由回归方程得到的拟合值，证明样本相关系数满足如下关系

$$r^2 = \frac{\sum_{i=1}^{n}(\hat{y}_i - \bar{y})^2}{\sum_{i=1}^{n}(y_i - \bar{y})^2},$$

上式也称为回归方程的决定系数.

8. 现收集了 16 组合金钢中的碳含量 x 及强度 y 的数据，求得

$$\bar{x} = 0.125,\ \bar{y} = 45.7886,\ l_{xx} = 0.3024,\ l_{xy} = 25.5218,\ l_{yy} = 2432.4566.$$

(1) 建立 y 关于 x 的一元线性回扫方程 $\hat{y} = \hat{\beta}_0 + \hat{\beta}_1 x$；

(2) 写出 $\hat{\beta}_0$ 和 $\hat{\beta}_1$ 的分布；

(3) 求 $\hat{\beta}_0$ 和 $\hat{\beta}_1$ 的相关系数；

(4) 列出对回归方程作显著性检验的方差分析表（$\alpha = 0.05$）；

(5) 给出 β_1 的显著性水平 0.95 的置信区间；

(6) 在 $x = 0.15$ 时，求对应的 y 的显著性水平 0.95 的预测区间.

9. 设回归模型为 $\begin{cases} y_i = \beta_0 + \beta_1 x_i + \varepsilon_i, \\ \varepsilon_i \sim N(0,\ \sigma^2), \end{cases}$ 现收集了 15 组数据，经计算有

$$\bar{x} = 0.85,\ \bar{y} = 25.60,\ l_{xx} = 19.56,\ l_{xy} = 32.54,\ l_{yy} = 46.74.$$

后经核对，发现有一组数据记录错误，正确数据为 (1.2, 32.6)，记录为 (1.5, 32.3).

(1) 求 β_0、β_1 的 LSE；

(2) 对回归方程作显著性检验（$\alpha = 0.05$）；

(3) 若 $x_0 = 1.1$，给出对应相应变量的显著性水平 0.95 的预测区间.

10. 在生产中积累了 32 组某种铸件在不同腐蚀时间 x 下腐蚀深度 y 的数据，求得回

归方程为

$\hat{y} = -0.4441 + 0.002263x$,且误差方差的无偏估计为$\hat{\sigma}^2 = 0.001452$,总偏差平方和为$0.1246$.

(1) 对回归方程作显著性检验 ($\alpha = 0.05$),列出方差分析表;

(2) 求样本相关系数;

(3) 若腐蚀时间 $x = 870$,试给出 y 的显著性水平 0.95 的近似预测区间.

第六章

方差分析

之前我们讨论了如何对一个总体及两个总体的均值进行检验,如我们要确定两种销售方式的效果是否相同,可以对零假设 $H_0 : \mu_1 = \mu_2$ 检验. 但有时销售方式有很多种,如表 6-1 中列出了四种,这就是多个总体均值是否相等的假设检验问题了,所采用的方法是方差分析.

例 1. 某公司采用四种方式推销其产品. 为检验不同方式推销产品的效果,随机抽样得下表:

表 6-1 　　　　　　　　　　　某公司产品销售方式所对应的销售量

销售方式　　　　序号	1	2	3	4	5	水平均值
方式一	77	86	81	88	83	83
方式二	95	92	78	96	89	90
方式三	71	76	68	81	74	74
方式四	80	84	79	70	82	79
总均值						81.5

该例中要研究的问题是这四个销售量的均值之间是否有显著差异,当然我们可以采用第四章的方法进行多次检验,但这显然工作效率低.

方差分析(Analysis of Variance,ANOVA),是 20 世纪 20 年代由英国统计学家费歇尔(Ronald Aylmer Fisher,1890—1962)首先提出的,最初主要应用于生物和农业田间试验,以后推广到各个领域应用. 它是直接对多个总体的均值是否相等进行检验,这样不但可以减少工作量,而且可以增加检验的稳定性.

第一节 　方差分析概述

一、方差分析中的常用术语

1. 因素(Factor)

因素是指所要研究的变量,它可能对因变量产生影响. 在例 1 中,要分析不同销售方式对销售量是否有影响,所以,销售量是因变量,而销售方式是可能影响销售量的因素.

如果方差分析只针对一个因素进行,称为单因素方差分析.如果同时针对多个因素进行,称为多因素方差分析.本章介绍单因素方差分析和双因素方差,它们是方差分析中最常用的.

2. 水平(Level)

水平指因素的具体表现,如销售的四种方式就是因素的不同取值等级.有时水平是人为划分的,比如质量被评定为好、中、差.

3. 单元(Cell)

单元指因素水平之间的组合.如销售方式一下有五种不同的销售业绩,就是五个单元.方差分析要求的方差齐性就是指的各个单元间的方差齐性.

4. 元素(Element)

元素指用于测量因变量的最小单位.一个单元里可以只有一个元素,也可以有多个元素.例1中各单元中只有一个元素.

5. 均衡(Balance)

如果一个试验设计中任一因素各水平在所有单元格中出现的次数相同,且每个单元格内的元素数相同,则称该试验是为均衡,否则,就被称为不均衡.不均衡试验中获得的数据在分析时较为复杂.例1是均衡的.

6. 交互作用(Interaction)

如果一个因素的效应大小在另一个因素不同水平下明显不同,则称为两因素间存在交互作用.当存在交互作用时,单纯研究某个因素的作用是没有意义的,必须在另一个因素的不同水平下研究该因素的作用大小.如果所有单元格内都至多只有一个元素,那么交互作用无法测出.

二、方差分析的基本思想

要看不同推销方式的效果,其实就归结为一个检验问题,设 μ_i 为第 i 种推销方式 $i(i = 1, 2, 3, 4)$ 的平均销售量,即检验原假设 $H_0: \mu_1 = \mu_2 = \mu_3 = \mu_4$ 是否为真.从数值上观察,四个均值都不相等,方式二的销售量明显较大.然而,我们并不能简单地根据这种第一印象来否定原假设,而应该分析 μ_1、μ_2、μ_3、μ_4 之间差异的原因.

从表 6-1 可以看到,20 个数据各不相同,这种差异可能由两方面的原因引起的:一是推销方式的影响,不同的方式会使人们产生不同消费冲动和购买欲望,从而产生不同的购买行动;这种由不同水平造成的差异,我们称为系统性差异;一是随机因素的影响,同一种推销方式在不同的工作日销量也会不同,因为来商店的人群数量不一,经济收入不一,当班服务员态度不一,这种由随机因素造成的差异,我们称为随机性差异.两个方面产生的差异用两个方差来计量:一是 μ_1、μ_2、μ_3、μ_4 之间的总体差异,即水平之间的方差,一是水平内部的方差.前者既包括系统性差异,也包括随机性差异;后者仅包括随机性差异.如果不同的水平对结果没有影响,如果推销方式对销售量不产生影响,那么在水平之间的方差中,也就仅仅有随机性差异,而没有系统性差异,它与水平内部方差就应该接近,两个方差的比值就会接近于1;反之,如果不同的水平对结果产生影响,在水平之间的方差中就不仅包括了随机性差异,也包括了系统性差异.这时,该方差就会大于水平内部方差,两个方差的比值就会比 1 大,当这个比值大到某个程度时,即达到某临界点,我们就作出判断,不同的水平之间存在着显著性差异.因此,方差分析就是通过对水平之间的方差和水平内部的方差的比较,做出拒绝原假设还是不能拒绝原假设的判断.

三、方差分析的基本假定

在方差分析中通常要有以下假定:首先是各样本的独立性,即各组观察数据,是从相互独立的总体中抽取的,只有是独立的随机样本,才能保证变异的可加性;其次要求所有观察值都是从正态总体中抽取,且方差相等.在实际应用中能够严格满足这些假定条件的客观现象是很少的,在社会经济现象中更是如此,但一般应近似地符合上述要求.

在上述假设条件成立的情况下,数理统计证明,水平之间的方差(也称为组间方差)与水平内部的方差(也称组内方差)之间的比值是一个服从 F 分布的统计量,我们可以通过对这个统计量的检验做出拒绝原假设或不能拒绝原假设的决策.

$$F = 水平间方差 / 水平内方差 = 组间方差 / 组内方差.$$

第二节 单因素方差分析

一、单因素方差分析的数据结构

在单因素方差分析中,若因素 A 共有 r 个水平,对均衡试验而言,每个水平的样本容量为 k,则共有 kr 个观察值,如表 $6-2$ 所示.对不均衡试验,各水平中的样本容量可以是不同的,设第 i 个样本的容量是 n_i,则观测值的总个数为 $n = \sum\limits_{i=1}^{r} n_i$.

表 $6-2$　　　　　　　　　　单因素方差分析的数据结构

水平 i ＼ 观测值 j		1	2	⋯	k
因素 A	水平 1	x_{11}	x_{12}	⋯	x_{1k}
	水平 2	x_{21}	x_{22}	⋯	x_{2k}
	⋮	⋮	⋮	⋮	⋮
	水平 r	x_{r1}	x_{r2}	⋯	x_{rk}

二、单因素方差分析的步骤

(一)单因素方差模型与建立假设

方差分析最初是针对试验设计的试验结果的分析而提出的.设在某试验中,因素 A 有 r 个水平 A_1, A_2, ⋯, A_r,在水平 A_i 下的试验结果 X_i 服从 $N(\mu_i, \sigma^2)$, $i = 1, 2, ⋯,$ r,这里 X_1, X_2, ⋯, X_r 相互独立.在水平 A_i 下做了 n_i 次试验,得到 n_i 个观测结果 x_{ij},

$j = 1, 2, \cdots, n_i$，它们可以看作是来自 X_i 的一个容量为 n_i 的样本. 因为 $x_{ij} \sim N(\mu, \sigma^2)$，所以可得单因素方差分析模型如下：

$$x_{ij} = \mu_i + \varepsilon_{ij},$$

其中随机误差 ε_{ij} 相互独立，都服从 $N(0, \sigma^2)$ 分布. 要检验的假设是

$$H_0 : \mu_1 = \mu_2 = \cdots = \mu_r,\ H_1 : \mu_1, \mu_2, \cdots, \mu_r \text{ 不全相等}.$$

以 μ 表示这 r 个总体均值的平均值，即 $\mu = \dfrac{1}{r} \sum\limits_{i=1}^{r} \mu_i$ 称为**一般水平**或**平均水平**，令 $\alpha_i = \mu_i - \mu$ 称为因素 A 的第 i 个水平的**效应**，由第二章算术平均数的性质易得 $\sum\limits_{i=1}^{r} \alpha_i = 0$. 把原参数 μ_i 变换成新参数 $\alpha_i (i = 1, 2, \cdots, r)$ 后，单因素方差分析模型则变为：

$$x_{ij} = \mu + \alpha_i + \varepsilon_{ij},$$

其中 x_{ij} 表示水平 A_i 的第 j 个观察值. 上述要检验的假设则等价于

$$H_0 : \alpha_1 = \alpha_2 = \cdots = \alpha_r = 0,\ H_1 : \alpha_1, \alpha_2, \cdots, \alpha_r \text{ 不全为 } 0.$$

比如要比较四种推销方式对应的销售量是否存在差异，那么第一种推销方式中的某个观察值就等于该种方式的平均水平再加上一个随机误差. 如果四种方式总体均值都相同，则它就等于总体均值再加上一个随机误差，实际上就变成了同一个变量分布中的某一点. 所以原假设和备择假设是：

$H_0 : \mu_1 = \mu_2 = \mu_3 = \mu_4$，即推销方式对销售量影响不显著；

$H_1 : \mu_1 、 \mu_2 、 \mu_3 、 \mu_4$ 不全等，即推销方式对销售量有显著影响.

（二）构造检验 F 统计量

1. 水平的均值
我们令 $\bar{x}_{i\cdot}$ 为第 i（或 A_i）水平的样本均值，则

$$\bar{x}_{i\cdot} = \frac{1}{n_i} \sum_{j=1}^{n_i} x_{ij}. \tag{6.1}$$

2. 全部观察值的总均值
我们令 $\bar{\bar{x}}$ 为全部观察值的总均值，则

$$\bar{\bar{x}} = \frac{\sum\limits_{i=1}^{r} \sum\limits_{j=1}^{n_i} x_{ij}}{\sum\limits_{i=1}^{r} n_i}. \tag{6.2}$$

3. 离差平方和
在单因素方差分析中，离差平方和有三个：

（1）总离差平方和（Sum of Squares for Total，简称 SST），计算公式为：

$$SST = \sum_{i=1}^{r} \sum_{j=1}^{n_i} (x_{ij} - \bar{\bar{x}})^2. \tag{6.3}$$

总离差平方和反映全部观察值的离散状况,是全部观察值与总平均值的离差平方和.

(2) 误差项离差平方和(Sum of Squares for Error,简称 SSE),计算公式为:

$$SSE = \sum_{i=1}^{r} \sum_{j=1}^{n_i} (x_{ij} - \bar{x}_i)^2. \qquad (6.4)$$

误差项离差平方和又称为组内离差平方和,它反映了水平内部观察值的离散情况,即随机因素产生的影响.

(3) 水平项离差平方和(Sum of Squares for Factor A,简称 SSA).计算公式为:

$$SSA = \sum_{i=1}^{r} n_i (\bar{x}_{i\cdot} - \bar{\bar{x}})^2. \qquad (6.5)$$

水平项离差平方和又称组间离差平方和,是各组平均值与总平均值的离差平方和.它既包括随机误差,也包括系统误差.

由于各样本的独立性,使得误差具有可分解性,即总离差平方和等于误差项离差平方和加上水平项离差平方和,用公式表达为:

$$SST = SSE + SSA.$$

对例 1 而言,计算结果见表 6-3.

表 6-3 单因素方差分析计算表(1)

序号	方式一	方式二	方式三	方式四	
1	77	95	71	80	
2	86	92	76	84	
3	81	78	68	79	
4	88	96	81	70	
5	83	89	74	82	总均值
水平均值	83	90	74	79	81.5
					合计
总离差平方	85.25	571.25	379.25	147.25	1183
误差项离差平方	74	210	98	116	498
水平项离差平方	11.25	361.25	281.25	31.25	685

4. 均方和(Mean Square)

各离差平方和的大小与观察值的多少有关,为了消除观察值多少对离差平方和大小的影响,需要将其平均,这就是均方和.计算方法是用离差平方和除以相应的自由度 df,见表 6-4 所示,表中 $n = \sum_{i=1}^{r} n_i$.

表 6-4 方差分析表

方差来源	离差平方和 SS	df	均方和 MS	F
组间	SSA	$r-1$	$MSA=SSA/(r-1)$	MSA/MSE
组内	SSE	$n-r$	$MSE=SSE/(n-r)$	
总方差	SST	$n-1$		

5. 构造检验统计量 F

$$F = 组间方差 / 组内方差 = MSA/MSE.$$

对例 1 而言,计算结果见表 6-5.

表 6-5 单因素方差分析计算表(2)

方差来源	离差平方和 SS	df	均方和 MS	F
组间	685	3	228.3333	7.3360
组内	498	16	31.125	
总方差	1183	19		

(三) 判断与结论

在假设条件成立时,F 统计量服从第一自由度 df_1 为 $r-1$、第二自由度 df_2 为 $n-r$ 的 F 分布(F 分布表见附表 5).将统计量 F 与给定的显著性水平 α 的临界值 $F_\alpha(r-1, n-r)$ 比较,可以作出拒绝或不能拒绝原假设 H_0 的判断,见图 6-1.

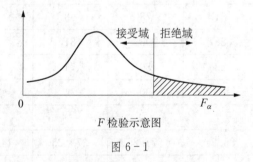

F 检验示意图

图 6-1

若 $F \geqslant F_\alpha$,则拒绝原假设 H_0,表明均值之间的差异显著,因素 A 对观察值有显著影响;

若 $F < F_\alpha$,则不能拒绝原假设 H_0,表明均值之间的差异不显著,因素 A 对观察值没有显著影响.

例 1 中,$F = 7.3360$,若 α 取 0.05,则临界值 $F_{0.05}(3.16) = 3.24$. 由于 $F > F_\alpha$,故应拒绝原假设,即推销方式对销售量有影响.

三、方差分析中的多重比较

方差分析可以对多个均值是否相等进行检验,这是其长处. 当拒绝 H_0 时,表示各均值不全等,但具体哪一个或哪几个均值与其他均值显著不同,或者哪几个均值仍然可能认为是相等的,方差分析就不能给我们答案了,如果要进一步分析,可以采用多重比较的方法.

多重比较是通过对总体均值之间的两两比较来进一步检验到底哪些均值之间存在差异,总共要作 C_r^2 次比较.

多重比较方法有十几种,但以 Fisher 提出的最小显著差异方法(least significant difference,简写为 LSD)使用最多,该方法可用于判断到底哪些均值之间有差异.

LSD 方法是对检验两个总体均值是否相等的 t 检验方法,它来源于我们第四章公式:

$$t = \frac{\bar{x} - \bar{y}}{s_p \sqrt{\frac{1}{n_1} + \frac{1}{n_2}}}. \tag{6.6}$$

多重比较的步骤:

1. 提出假设

$H_0 : \mu_i = \mu_j$ (第 i 个总体的均值等于第 j 个总体的均值);

$H_1 : \mu_i \neq \mu_j$ (第 i 个总体的均值不等于第 j 个总体的均值).

2. 计算检验统计量

公式 (6.6) 中的 s_p 是根据两个总体的样本资料计算的,对这里的多个总体进行比较时需要用 MSE. 于是统计量改造为:

$$t = \frac{\bar{x}_{i.} - \bar{x}_{j.}}{\sqrt{MSE \times \left(\frac{1}{n_i} + \frac{1}{n_j} \right)}}. \tag{6.7}$$

当 $\mu_i = \mu_j$ 时,t 服从 $t(n-r)$. 因此,采用 t 检验.

3. 判断

若 $|t| \geqslant t_{\alpha/2}$,拒绝 H_0;若 $|t| < t_{\alpha/2}$,不能拒绝 H_0.

第三节　双因素方差分析

一、双因素方差分析的种类

在现实中,常常会遇到两个因素同时影响结果的情况. 这就需要检验究竟一个因素起作用,还是两个因素都起作用,或者两个因素的影响都不显著.

双因素方差分析有两种类型:一种是无交互作用的双因素方差分析,它假定因素 A 和因素 B 的效应之间是相互独立的,不存在相互关系;另一种是有交互作用的方差分析,它假定 A、B 两个因素不是独立的,而是相互起作用的,两个因素同时起作用的结果不是两个因素分别作用的简单相加,两者的结合会产生一个新的效应. 这种效应的最典型的例子是,耕地深度和施肥量都会影响产量,但同时深耕和适当的施肥可能使产量成倍增加,这时,耕地深度和施肥量就存在交互作用. 两个因素结合后就会产生出一个新的效应,属于有交互作用的方差分析问题.

二、无交互作用的双因素方差分析

(一) 数据结构

设两个因素分别是 A 和 B. 因素 A 共有 r 个水平, 因素 B 共有 s 个水平, 无交互作用的双因素方差分析的数据结构如表 6-6 所示.

表 6-6

i \ j		因素 B				
		B_1	B_2	$\cdots$	B_3	均值
因素 A	A_1	x_{11}	x_{12}	$\cdots$	x_{1s}	$\bar{x}_1.$
	A_2	x_{21}	x_{22}	$\cdots$	x_{2s}	$\bar{x}_2.$
	$\vdots$	$\vdots$	$\vdots$	$\vdots$	$\vdots$	$\vdots$
	A_r	x_{r1}	x_{r2}	$\cdots$	x_{rs}	$\bar{x}_r.$
	均值	$\bar{x}._1$	$\bar{x}._2$		$\bar{x}._s$	

(二) 分析步骤

1. 模型与假设

在水平(A_i, B_j)下的试验结果 X_{ij} 服从 $N(\mu_{ij}, \sigma^2)$, $i = 1, 2, \cdots, r$, $j = 1, 2, \cdots, s$, 这些试验结果相互独立.

与单因素方差分析模型相类似, 令 $\mu = \dfrac{1}{rs} \sum\limits_{i=1}^{r} \sum\limits_{j=1}^{s} \mu_{ij}$ 称为一般水平或平均水平, $\mu_i. = \dfrac{1}{s} \sum\limits_{j=1}^{s} \mu_{ij}$, $i = 1, 2, \cdots, r$, $\mu._j = \dfrac{1}{r} \sum\limits_{i=1}^{r} \mu_{ij}$, $j = 1, 2, \cdots, s$, $\alpha_i = \mu_i. - \mu$ 称为因素 A 在第 i 个水平下的**效应**, $\beta_j = \mu._j - \mu$ 称为因素 B 在第 j 个水平下的**效应**, 显然有 $\sum\limits_{i=1}^{r} \alpha_i = 0$, $\sum\limits_{j=1}^{s} \beta_i = 0$. 若 $\mu_{ij} = \mu + \alpha_i + \beta_j$, 则称这种方差分析模型为**无交互作用的双方差分析模型**, 此时只需对(A_i, B_j)的每种组合各做一次试验, 观测值记为 x_{ij}. 把原参数 μ_{ij} 变换成新参数 α_i 和 β_j 后, 无交互作用的双因素方差分析模型则为

$$\begin{cases} x_{ij} = \mu + \alpha_i + \beta_j + \varepsilon_{ij}, i = 1, 2, \cdots, r; j = 1, 2, \cdots, s, \\ \sum\limits_{i=1}^{r} \alpha_i = 0, \sum\limits_{j=1}^{s} \beta_i = 0, \end{cases}$$

其中随机误差 $\varepsilon_{ij}(i = 1, 2, \cdots, r; j = 1, 2, \cdots, s)$ 相互独立, 都服从 $N(0, \sigma^2)$ 分布. 对这个模型要检验的假设有两个:

对因素 A: $H_{01}: \mu_1. = \mu_2. = \cdots = \mu_r.$; $H_{11}: \mu_1., \mu_2., \cdots, \mu_r.$ 不全相等.

对因素 B: $H_{02}: \mu._1 = \mu._2 = \cdots = \mu._s$; $H_{12}: \mu._1, \mu._2, \cdots, \mu._s$ 不全相等.

我们检验因素 A 是否起作用实际上就是检验各个 α_i 是否均为 0,如都为 0,则因素 A 所对应的各组总体均数都相等,即因素 A 的作用不显著;对因素 B,也是这样. 因此上述假设等价于

对因素 A:$H_{01}:\alpha_1 = \alpha_2 = \cdots = \alpha_r = 0$,$H_{11}:\alpha_1, \alpha_2, \cdots, \alpha_r$ 不全为 0.

对因素 B:$H_{02}:\beta_1 = \beta_2 = \cdots = \beta_s = 0$,$H_{12}:\beta_1, \beta_2, \cdots, \beta_s$ 不全为 0.

2. 构造检验统计量

(1) 水平的均值:

$$\bar{x}_{i\cdot} = \frac{1}{s}\sum_{j=1}^{s} x_{ij}, \bar{x}_{\cdot j} = \frac{1}{r}\sum_{i=1}^{r} x_{ij}. \tag{6.8}$$

(2) 总均值:

$$\bar{\bar{x}} = \frac{1}{rs}\sum_{i=1}^{r}\sum_{j=1}^{s} x_{ij} = \frac{1}{r}\sum_{i=1}^{r}\bar{x}_{i\cdot} = \frac{1}{s}\sum_{j=1}^{s}\bar{x}_{\cdot j}. \tag{6.9}$$

(3) 离差平方和的分解:

双因素方差分析同样要对总离差平方和 SST 进行分解,SST 分解为三部分:SSA、SSB 和 SSE,以分别反映因素 A 的组间差异、因素 B 的组间差异和随机误差(即组内差异)的离散状况.

它们的计算公式分别为:

$$SST = \sum_{i=1}^{r}\sum_{j=1}^{s}(x_{ij} - \bar{\bar{x}})^2, \tag{6.10}$$

$$SSA = \sum_{i=1}^{r} s(\bar{x}_{i\cdot} - \bar{\bar{x}})^2, \tag{6.11}$$

$$SSB = \sum_{j=1}^{s} r(\bar{x}_{\cdot j} - \bar{\bar{x}})^2, \tag{6.12}$$

$$SSE = SST - SSA - SSB. \tag{6.13}$$

(4) 构造检验统计量:

由离差平方和与自由度可以计算出均方和,从而计算出 F 检验值,如表 6 - 7.

表 6 - 7 无交互作用的双方差分析表

方差来源	离差平方和 SS	df	均方和 MS	F
因素 A	SSA	$r-1$	$MSA = SSA/(r-1)$	MSA/MSE
因素 B	SSB	$s-1$	$MSB = SSB/(s-1)$	MSB/MSE
误差	SSE	$(r-1)(s-1)$	$MSE = SSE/(r-1)(s-1)$	
总方差	SST	$rs-1$		

为检验因素 A 的影响是否显著,采用下面的统计量:

$$F_A = \frac{MSA}{MSE} \sim F(r-1, (r-1)(s-1)). \tag{6.14}$$

为检验因素 B 的影响是否显著,采用下面的统计量:

$$F_B = \frac{MSB}{MSE} \sim F(s-1, (r-1)(s-1)). \tag{6.15}$$

3. 判断与结论

根据给定的显著性水平 α 在 F 分布表中查找相应的临界值 F_α,将统计量 F 与 F_α 进行比较,作出拒绝或不能拒绝原假设 H_0 的决策.

若 $F_A \geqslant F_\alpha(r-1, (r-1)(s-1))$,则拒绝原假设 H_{01},表明均值之间有显著差异,即因素 A 对观察值有显著影响;

若 $F_A < F_\alpha(r-1, (r-1)(s-1))$,则不能拒绝原假设 H_{01},表明均值之间的差异不显著,即因素 A 对观察值没有显著影响;

若 $F_B \geqslant F_\alpha(s-1, (r-1)(s-1))$,则拒绝原假设 H_{02},表明均值之间有显著差异,即因素 B 对观察值有显著影响.

若 $F_B < F_\alpha(s-1, (r-1)(s-1))$,则不能拒绝原假设 H_{02},表明均值之间的差异不显著,即因素 B 对观察值没有显著影响;

三、有交互作用的双因素方差分析

(一) 数据结构

设两个因素分别是 A 和 B,因素 A 共有 r 个水平,因素 B 共有 s 个水平,在水平组合 (A_i, B_j) 下的试验结果 X_{ij} 服从 $N(\mu_{ij}, \sigma^2)$,$i = 1, 2, \cdots, r$;$j = 1, 2, \cdots, s$,假设这些试验结果相互独立. 为了对两个因素的交互作用进行分析,每个水平组合下至少要进行两次试验,不妨假设在每个水平组合 (A_i, B_j) 下重复 t 次试验,每次试验的观测值用 x_{ijk},$i = 1, 2, \cdots, r$;$j = 1, 2, \cdots, s$;$k = 1, 2, \cdots, t$ 表示,那么有交互作用的双因素方差分析的数据结构如表 6-8 所示.

表 6-8 　　　　　　　　有交互作用双因素方差分析的数据结构

i ＼ j		因素 B			
		B_1	$\cdots$	B_s	均值
因素 A	A_1	$x_{111}, x_{112}, \cdots, x_{11t}$	$\cdots$	$x_{1s1}, x_{1s2}, \cdots, x_{1st}$	$\bar{x}_1.$
	A_2	$x_{211}, x_{212}, \cdots, x_{21t}$	$\cdots$	$x_{2s1}, x_{2s2}, \cdots, x_{2st}$	$\bar{x}_2.$
	$\vdots$	$\vdots$	$\vdots$	$\vdots$	$\vdots$
	A_r	$x_{r11}, x_{r12}, \cdots, x_{r1t}$	$\cdots$	$x_{rs1}, x_{rs2}, \cdots, x_{rst}$	$\bar{x}_r.$
	均值	$\bar{x}._1$	$\cdots$	$\bar{x}._s$	

(二) 分析步骤

1. 模型与假设

与无交互作用双因素方差分析模型一样,令 $\mu = \dfrac{1}{rs} \sum\limits_{i=1}^{r} \sum\limits_{j=1}^{s} \mu_{ij}$ 称为一般水平或平均水

平，$\mu_{i\cdot} = \dfrac{1}{s}\sum\limits_{j=1}^{s}\mu_{ij}$，$i = 1, 2, \cdots, r$，$\mu_{\cdot j} = \dfrac{1}{r}\sum\limits_{i=1}^{r}\mu_{ij}$，$j = 1, 2, \cdots, s$，$\alpha_i = \mu_{i\cdot} - \mu$ 称为因素

A 在第 i 个水平下的效应，$\beta_j = \mu_{\cdot j} - \mu$ 称为因素 B 在第 j 个水平下的效应，显然有 $\sum\limits_{i=1}^{r}\alpha_i = 0$，

$\sum\limits_{j=1}^{s}\beta_i = 0$. 若 $\mu_{ij} \neq \mu + \alpha_i + \beta_j$，则称这种方差分析模型为有交互作用的双方差分析模型，再令

$\gamma_{ij} = \mu_{ij} - \alpha_i - \beta_j$ 称为因素 A 的第 i 水平与因素 B 的第 j 水平的交互效应，满足

$$\begin{cases} \sum\limits_{i=1}^{r}\gamma_{ij} = 0, & j = 1, 2, \cdots, s, \\ \sum\limits_{j=1}^{s}\gamma_{ij} = 0, & i = 1, 2, \cdots, r. \end{cases}$$

把原参数 μ_{ij} 变换成新参数 α_i、β_j 和 γ_{ij} 后，有交互作用的双因素方差分析模型为

$$\begin{cases} x_{ijk} = \mu + \alpha_i + \beta_j + \gamma_{ij} + \varepsilon_{ijk}, \\ \sum\limits_{i=1}^{r}\alpha_i = 0, \quad \sum\limits_{j=1}^{s}\beta_i = 0, \\ \sum\limits_{i=1}^{r}\gamma_{ij} = 0, \quad \sum\limits_{j=1}^{s}\gamma_{ij} = 0, \end{cases}$$

其中 $i = 1, 2, \cdots, r$；$j = 1, 2, \cdots, s$；$k = 1, 2, \cdots, t$，随机误差 ε_{ijk} 相互独立，都服从 $N(0, \sigma^2)$ 分布. 与前面的分析思路相同，我们检验因素 A、因素 B 以及两者的交互效应是否起作用实际上就是检验各个 α_i、β_j 以及 γ_{ij} 是否都为 0，故对此模型要检验的假设有三个：

对因素 A：$H_{01}: \alpha_1 = \alpha_2 = \cdots = \alpha_r = 0$；$H_{11}: \alpha_1, \alpha_2, \cdots, \alpha_r$ 不全为零.

对因素 B：$H_{02}: \beta_1 = \beta_2 = \cdots = \beta_s = 0$；$H_{12}: \beta_1, \beta_2, \cdots, \beta_r$ 不全为零.

对因素 A 和 B 的交互效应：H_{02}: 对一切 i、j 有 $\gamma_{ij} = 0$；H_{13}: 对一切 i, j，γ_{ij} 不全为零.

2. 构造检验统计量

（1）水平的均值：

$$\bar{x}_{ij\cdot} = \frac{1}{t}\sum_{k=1}^{t}x_{ijk}, \tag{6.16}$$

$$\bar{x}_{i\cdot\cdot} = \frac{1}{st}\sum_{j=1}^{s}\sum_{k=1}^{t}x_{ijk}, \tag{6.17}$$

$$\bar{x}_{\cdot j\cdot} = \frac{1}{rt}\sum_{i=1}^{r}\sum_{k=1}^{t}x_{ijk}. \tag{6.18}$$

（2）总均值：

$$\bar{\bar{x}} = \frac{1}{rst}\sum_{i=1}^{r}\sum_{j=1}^{s}\sum_{k=1}^{t}x_{ijk} = \frac{1}{r}\sum_{i=1}^{r}\bar{x}_{i\cdot\cdot} = \frac{1}{s}\sum_{j=1}^{s}\bar{x}_{\cdot j\cdot}. \tag{6.19}$$

（3）离差平方和的分解：

与无交互作用的双因素方差分析不同，总离差平方和 SST 将被分解为四个部分：

SSA、SSB、$SSAB$ 和 SSE,分别反映因素 A 的组间差异、因素 B 的组间差异、因素 AB 的交互效应和随机误差的离散状况.

它们的计算公式分别为:

$$SST = \sum_{i=1}^{r} \sum_{j=1}^{s} \sum_{k=1}^{t} (x_{ijk} - \bar{\bar{x}})^2, \tag{6.20}$$

$$SSA = \sum_{i=1}^{r} st(\bar{x}_{i..} - \bar{\bar{x}})^2, \tag{6.21}$$

$$SSB = \sum_{j=1}^{s} rt(\bar{x}_{.j.} - \bar{\bar{x}})^2, \tag{6.22}$$

$$SSAB = \sum_{i=1}^{r} \sum_{j=1}^{s} t(\bar{x}_{ij.} - \bar{x}_{i..} - \bar{x}_{.j.} + \bar{\bar{x}})^2, \tag{6.23}$$

$$SSE = \sum_{i=1}^{r} \sum_{j=1}^{s} \sum_{k=1}^{t} (x_{ijk} - \bar{x}_{ij.})^2. \tag{6.24}$$

(4) 构造检验统计量:

由离差平方和与自由度可以计算出均方和,从而计算出 F 检验值,如表 6-9.

表 6-9   有交互作用的双方差分析表

方差来源	离差平方和 SS	df	均方和 MS	F
因素 A	SSA	$r-1$	$MSA = SSA/(r-1)$	MSA/MSE
因素 B	SSB	$s-1$	$MSB = SSB/(s-1)$	MSB/MSE
因素 $A \times B$	$SSAB$	$(r-1)(s-1)$	$MSAB = SSAB/(r-1)(s-1)$	$MSAB/MSE$
误差	SSE	$rs(t-1)$	$MSE = SSE/rs(t-1)$	
总方差	SST	$rst-1$		

为检验因素 A 的影响是否显著,采用下面的统计量:

$$F_A = \frac{MSA}{MSE} \sim F(r-1, \, rs(t-1)). \tag{6.25}$$

为检验因素 B 的影响是否显著,采用下面的统计量:

$$F_B = \frac{MSB}{MSE} \sim F(s-1, \, rs(t-1)). \tag{6.26}$$

为检验因素 A、B 交互效应的影响是否显著,采用下面的统计量:

$$F_{AB} = \frac{MSAB}{MSE} \sim F((r-1)(s-1), \, rs(t-1)). \tag{6.27}$$

3. 判断与结论

根据给定的显著性水平 α 在 F 分布表中查找相应的临界值 F_α,将统计量 F 与 F_α 进行比较,作出拒绝或不能拒绝原假设 H_0 的决策.

若 $F_A \geqslant F_\alpha(r-1, \, rs(t-1))$,则拒绝原假设 H_{01},表明因素 A 对观察值有显著影响,

否则,不能拒绝原假设 H_{01};

若 $F_B \geqslant F_\alpha(s-1, rs(t-1))$,则拒绝原假设 H_{02},表明因素 B 对观察值有显著影响,否则,不能拒绝原假设 H_{02};

若 $F_{AB} \geqslant F_\alpha((r-1)(s-1), rs(r-1))$,则拒绝原假设 H_{03},表明因素 A、B 的交互效应对观察值有显著影响,否则,不能拒绝原假设 H_{03}.

习题六

1. 为了寻求适应本地区的高产量油菜品种,选取了五种不同的品种进行试验,每一品种在四块试验田上试种,且各试验田的耕种条件基本相同.试验结果(亩产量)如下:

品种 ＼ 田块	1	2	3	4
A_1	256	222	280	298
A_2	244	300	290	275
A_3	250	277	230	322
A_4	288	280	315	259
A_5	206	212	220	212

试问不同的品种的平均亩产量是否存在差异 ($\alpha = 0.05$)?

2. 为了研究咖啡因对人体功能的影响,特选 30 名体质大致相同的健康的男大学生进行手指叩击训练,将咖啡因选三个水平:A_1:0 mg,A_2:100 mg,A_3:200 mg.

每个水平下冲泡 10 杯水,外观无差别,并加以编号,然后让 30 位大学生每人任选一杯服用,2 小时后请每人做手指叩击,统计员记录其每分钟叩击次数,试验结果如下:

咖啡因剂量	叩击次数									
A_1:0 mg	242	245	244	248	247	248	242	244	246	242
A_2:100 mg	248	246	245	247	248	250	247	246	243	244
A_3:200 mg	246	248	250	252	248	250	246	248	245	250

试问咖啡因的不同剂量对手指叩击次数有无影响 ($\alpha = 0.05$)?

3. 在化工厂设备未损耗前,对三种制缸设备 A、B、C 的日产量观察多次,结果如下:

设备 ＼ 序号	1	2	3	4	5	6	7	8	9
A	84	60	40	47	34				
B	67	92	95	40	98	60	59	108	86
C	46	93	100						

问能否认为三种制缸设备的平均日产量无差异（$\alpha = 0.05$）？

4. 某煤矿有四个掘进组，分别在四个条件大致相同的工作面上作业，今以 10 天为一个单元统计得各组五个单元时间掘进尺的数据如下：

组别 \ 单元	1	2	3	4	5
一	12	11	12	13	12
二	14	12	13	14	12
三	9	10	11	9	11
四	10	11	12	12	10

试问各掘进组的工作效率有无差异（$\alpha = 0.01$）？

5. 设有 5 个工作人员在四台机器上分别各工作了一天，得到的产量如下表：

人员 \ 机器	1	2	3	4
1	53	47	57	445
2	56	50	63	52
3	45	47	54	42
4	52	47	57	41
5	49	53	58	48

试问工作人员的不同、机器的差异是否分别对产量有影响？（$\alpha = 0.05$）

6. 某女排运动员在世界杯赛、世界锦标赛和奥运会三种场合与美国队、日本队、俄罗斯队和古巴队的比赛中，其扣球成功率(%)如下表：

赛别 \ 对别	美	日	俄	古
世界杯	70	68	89	85
世界锦标赛	60	70	80	78
奥运会	62	63	65	74

试判断不同比赛场合、对别对其扣球成功率是否分别有影响（$\alpha = 0.05$）？

7. 为了考察蒸馏水的 pH 值和硫酸铜溶液浓度对化验血清中蛋白与球蛋白的影响，对蒸馏水的 pH 值（A）取了四个不同水平，对硫酸铜溶液的浓度（B）取了 3 个不同的水平，对每一组合各进行一次试验，得白球白与球蛋白之比的数据如下：

浓度 \ pH 值	B_1	B_2	B_3
A_1	3.5	2.3	2.0
A_2	2.6	2.0	1.9
A_3	2.0	1.5	1.2
A_4	1.4	0.8	0.3

试问蒸馏水的 pH 值和硫酸铜的浓度是否对试验结果分别有影响 ($\alpha = 0.05$)?

SPSS 实训部分

实验项目一　基本统计分析

例　某班100名学生的统计课程成绩如下,对该数据进行描述性统计并做出相应直方图或箱线图等统计图形.

81	70	82	76	80	71	80	61	72	99
84	78	85	56	90	60	57	85	77	59
81	79	71	63	83	76	66	91	88	77
84	74	79	69	75	78	86	75	58	76
93	70	65	72	82	92	77	87	76	77
73	83	68	79	76	87	74	56	90	59
73	65	78	66	66	83	86	75	64	78
71	68	82	69	88	73	57	61	77	58
65	51	54	100	85	74	84	94	70	64
95	63	72	89	81	62	79	78	95	94

解:1. 导入数据.

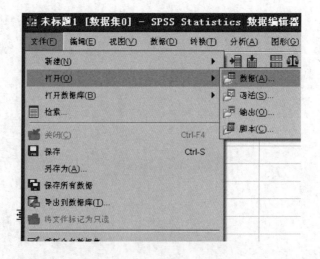

2. 对数据进行排序(由小到大).

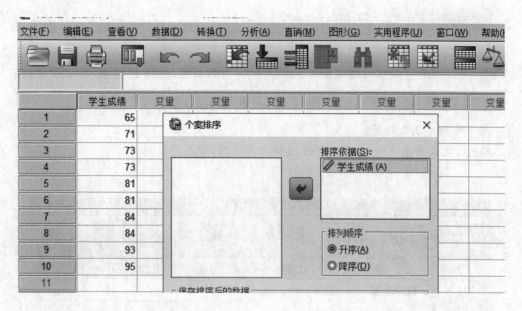

3. 进行(51,61)、(62,71)、(72,81)、(82,91)、(92,101)分组,通过描述统计,找频数、频率、中值.

组别	频率	百分比	有效百分比	累积百分比
(51,61)	13	13.0	13.0	13.0
(62,71)	21	21.0	21.0	34.0
(72,81)	36	36.0	36.0	70.0
(82,91)	22	22.0	22.0	92.0
(92,101)	8	8.0	8.0	100.0
合计	100	100.0	100.0	

4. 画直方图.

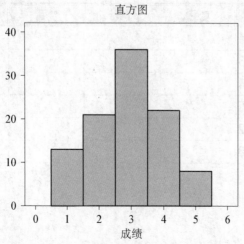

直方图

均值=2.91
标准偏差=1.129
N=100

实验项目二　区间估计

例 已知某种包装机的糖重服从正态分布,某日开工后,抽取 12 袋糖,称的重量如下:

10.1　10.3　10.4　10.5　10.2　10　9.7　9.8　10.1　9.9　9.8　10.3

求平均糖重 0.9 的置信区间.

解:1. 定义变量名称(打开 SPSS,选择变量视图,输入变量名称).

文件(F)	编辑(E)	查看(V)	数据(D)	转换(T)	分析(A)	直销(M)	图形(G)	实

	名称	类型	宽度	小数位数	标签
1	糖果重量	数字	8	1	
2					
3					
4					
5					

2. 输入数据(选择数据视图,输入题目给定的数据).

文件(F)	编辑(E)	查看(V)	数据(D)	转换(T)	分析(A)	直销(M)	图形(G)

10:

	糖果重量	变量	变量	变量	变量
1	10.1				
2	10.3				
3	10.4				
4	10.5				
5	10.2				
6	10.0				

3. 数据分析(选择"分析"→描述统计→探索(注:填写均值置信区间))

文件(F)	编辑(E)	查看(V)	数据(D)	转换(T)	分析(A)	直销(M)	图形(G)	实用程序(U)	窗口

报告(P) ▶
描述统计(E) ▶   123 频率(F)...
定制表(B) ▶   描述(D)...
比较平均值(M) ▶   探索(E)...
一般线性模型(G) ▶   交叉表(C)...
广义线性模型(Z) ▶   TURF 分析
混合模型(X) ▶   1/2 比率(R)...
相关(C) ▶   P-P 图...
回归(R) ▶   Q-Q 图...
对数线性(O) ▶

	糖果重量	变量	变量
1	10.1		
2	10.3		
3	10.4		
4	10.5		
5	10.2		
6	10.0		

4. 实验数据记录和处理.

			统计量	标准误
糖重	均值		10.092	.0743
	均值的 90% 置信区间	下限	9.958	
		上限	10.225	
	5% 修整均值		10.091	
	中值		10.100	
	方差		.066	
	标准差		.2575	
	极小值		9.7	
	极大值		10.5	
	范围		.8	
	四分位距		.5	
	偏度		−.005	.637
	峰度		−1.158	1.232

5. 实验结果与分析.

从实验结果可以看出,方差未知时,某种包装机平均糖重 0.9 的置信区间为(9.958, 10.225).从表中还可以看出包装机糖重均值为 10.092,包装机糖重中值为 10.1,包装机糖重方差为 0.066 等信息.

实验项目三　单样本 T 检验

例 下列给出某工艺品工厂随机的 20 个矩形的宽度与长度的比值.

0.693　0.749　0.654　0.670　0.662　0.672　0.615　0.606　0.690　0.628
0.668　0.611　0.606　0.609　0.601　0.553　0.570　0.844　0.576　0.933

问其是否是黄金比例?

解: 原理:(1) 由总体服从正态分布 $N(\mu, \sigma^2)$,方差 σ^2 未知,所以采用 T 双边检验.

(2) 假设 $H_0 : \mu = 0.618$;备测检验:$H_1 : \mu \neq 0.618$.

(3) 由已知 $\mu_0 = 0.618$,$n = 20$,$\alpha = 0.05$,观察值 $t = \dfrac{\bar{x} - \mu_0}{s / \sqrt{n}}$.

(4) 根据查 t 分布表得到 $t_{\frac{\alpha}{2}}$,即得出拒绝域 $(-\infty, -t_{\frac{\alpha}{2}}] \bigcup [t_{\frac{\alpha}{2}}, +\infty)$.

(5) 然后计算 $\bar{x}$、s,得出 T,看是否在拒绝域内,如果在拒绝域内,则拒绝 H_0,否则接受 H_0.

具体操作如下:

1. 设置变量名称"比值"及参数表达方式"小数"并录入 20 个"比值"数据样本.

2. 选择"分析"→"比较均值"→"单样本 T 检验".

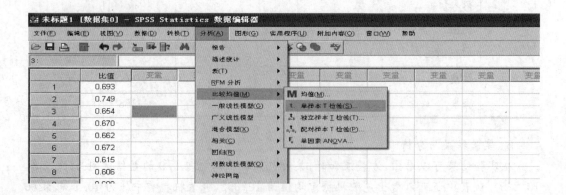

3. 把"检验变量"设定为"比值",在"选项"中修改"置信区间"为 95%,点击"继续".

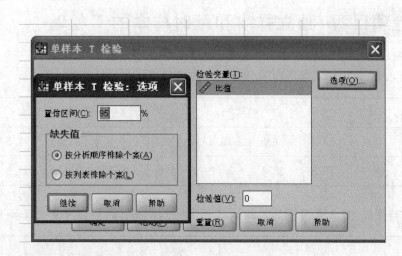

4. 在"检验值"中输入 $u_0 = 0.618$,点击"确定".

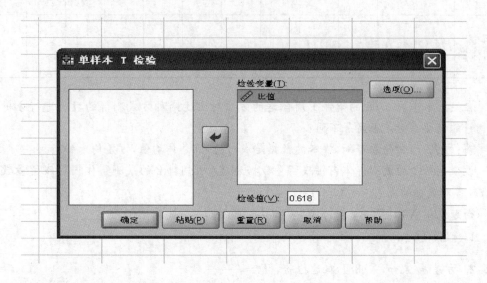

5. 实验结果与分析.

单个样本检验

	检验值 = 0.618					
	t	df	$Sig.$(双侧)	均值差值	差分的 95% 置信区间	
					下限	上限
比值	2.055	19	.054	.042 500	−.000 80	.085 80

由试验结果,Sig(双侧)值 $0.054 >$ 置信水平 $\alpha = 0.05$,于是接受原假设 $H_0 : u = 0.618$,即:这批工业品能够被称为黄金矩形.

实验项目四 独立样本和配对样本的 T 检验

例 方式一:同一组鼠喂不同的饲料测得体内钙留存量数据如下:

鼠号	1	2	3	4	5	6	7	8	9
饲料1	33.1	33.1	26.8	36.3	39.5	30.9	33.4	31.5	28.6
饲料2	36.7	28.8	35.1	35.2	43.8	25.7	36.5	37.9	28.7

方式二:甲组12只喂饲料1,乙组9只喂饲料2,测得体内钙留存量数据如下:

甲组 饲料1	29.7	26.7	28.9	31.1	31.1	26.8	26.3	39.5	30.9	33.4	33.1	28.6
乙组 饲料2	28.7	28.3	29.3	32.2	31.1	30	36.2	36.8	30			

在显著水平为 0.05 的条件下用合适的方法对上述两种方式测得的数据进行分析不同饲料的钙留存量是否显著不同?

解:方式一:由题意可知,样本的数据是成对的,且总体均值,方差均未知.

设喂饲料1的鼠测得体内钙残留量数据为 X_i,喂饲料2的鼠测得体内钙残留量数据为 Y_i,各对数据的差 $D_i = X_i - Y_i (i = 1, 2, 3, \cdots)$.

由题意得 $X \sim N(u_1, \sigma^2)$,$Y \sim N(u_2, \sigma^2)$,$D \sim N(u_D, \sigma^2)$.

1. 假设 $H_0 : u_D = 0$,$H_1 : u_D \neq 0$.

2. 方差 σ^2 未知,采用 T 双边检验,$T = \dfrac{\overline{D} - 0}{S / \sqrt{n}}$.

3. 由于 $n = 9$,$\alpha = 0.05$,查表得 $t_{0.025}(8) = 2.306$,

所以,拒绝域 $C = (-\infty, -2.306) \bigcup (2.306, +\infty)$.

4. 计算检验量

$D_i = X_i - Y_i$,D_i 的值分别为 -3.6、4.3、-8.3、1.1、-4.3、5.2、-3.1、-6.4、

-0.1,则 $\overline{D} = \dfrac{\sum\limits_{i=1}^{9} D_i}{n} = \dfrac{(-3.6 + 4.3 - 8.3 + 1.1 - 4.3 + 5.2 - 3.1 - 6.4 - 0.1)}{9} =$

-1.6889,

$$s_D = \sqrt{\dfrac{\sum (D_i - \overline{D})^2}{n - 1}} = 4.6367,$$

所以，$t = \dfrac{\overline{D} - 0}{s_D / \sqrt{n}} = \dfrac{-1.6889}{4.6367 / \sqrt{9}} = -1.093.$

5. 判断出检验量是否在拒绝域内，如果 $T \in C$，则拒绝 H_0，接受 H_1；反之亦然.

由于 $t = -1.093 > -2.306$，且 $t < 0$，则接受 H_0.

6. 解答出拒绝 H_0 或接受 H_0 时的情况.

结论：不同饲料的钙留存量没有显著不同.

方式二：

由题意 $X \sim N(\mu_1, \sigma^2)$，$Y \sim N(\mu_2, \sigma^2)$.

1. 假设 $H_0 : \mu_1 - \mu_2 = 0$，$H_1 : \mu_1 - \mu_2 \neq 0$.

2. 由于方差 σ^2 未知故采用 T 双边检验，$t = \dfrac{\overline{X} - \overline{Y} - 0}{S_w \sqrt{\dfrac{1}{n_1} + \dfrac{1}{n_2}}}.$

3. 计算拒绝域

由题意，得 $\alpha = 0.05$，$n_1 = 12$，$n_2 = 9$，查表得 $t_{\frac{0.05}{2}} = t_{0.025}(12 + 9 - 2) = 2.0930$，

所以拒绝域 $C = (-\infty, -2.0930) \bigcup (2.0930, +\infty)$.

4. 计算检验量：

$$\overline{x} = \dfrac{\sum\limits_{i=1}^{12} x_i}{12}$$

$$= \dfrac{29.7 + 26.7 + 28.9 + 31.1 + 31.1 + 26.8 + 26.3 + 39.5 + 30.9 + 33.4 + 33.1 + 28.6}{12}$$

$$= 30.508,$$

$$s_1^2 = \dfrac{\sum\limits_{i=1}^{12}(x_i - \overline{x})^2}{12 - 1} = 13.6027 = 3.6882^2.$$

$$\overline{y} = \dfrac{\sum\limits_{i=1}^{9} y_i}{9}$$

$$= \dfrac{28.7 + 28.3 + 29.3 + 32.2 + 31.1 + 30 + 36.2 + 36.8 + 30}{9}$$

$$= 31.400,$$

$$s_2^2 = \dfrac{\sum\limits_{i=1}^{12}(y_i - \overline{y})^2}{9 - 1} = 9.7700 = 3.1257^2,$$

$$s_w^2 = \dfrac{(n_1 - 1)s_1^2 + (n_2 - 1)s_1^2}{n_1 + n_2 - 2} = 11.9889 = 3.4625^2,$$

所以，$t = \dfrac{\overline{x} - \overline{y} - 0}{s_w \sqrt{\dfrac{1}{n_1} + \dfrac{1}{n_2}}} = -0.1687.$

5. 判断出检验量是否在拒绝域内，如果 $T \in C$，则拒绝 H_0，接受 H_1；反之亦然.

由于 $t = -0.1687 > -2.0930$，且 $t < 0$，则接受 H_0.

6. 解答出拒绝 H_0 或接受 H_0 时的情况.

结论:不同饲料的钙存量没有显著不同.

借助 SPSS 操作计算有:

方式一操作步骤:

1. 先验证饲料 1 饲料 2 两组数据是否服从正态分布,选择"分析→描述统计→Q-Q图".

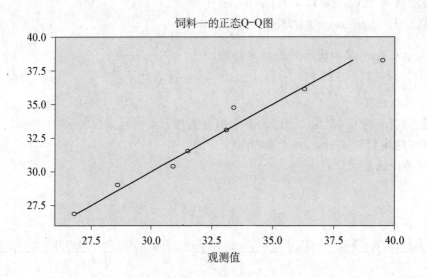

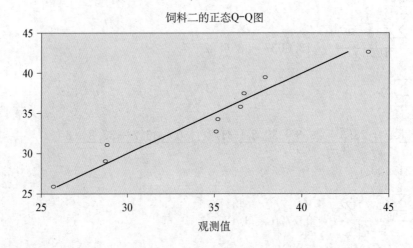

结果:饲料一和饲料二服从正态分布.

2. 在数据视图中输入变量,如下图:

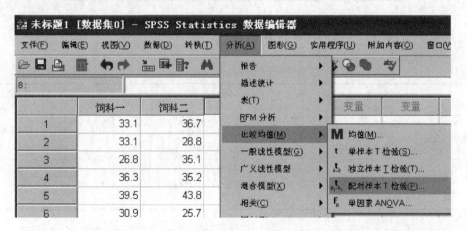

3. 在分析栏中选择"分析→比较均值"按钮中的"配对样本 T 检验",如下图：

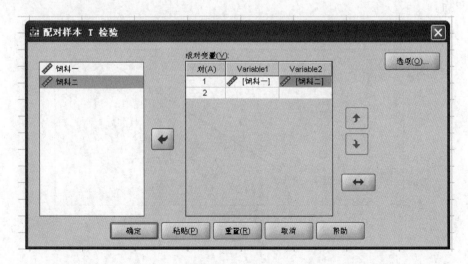

4. 在配对样本 T 检验栏中检验变量选择"饲料一"和"饲料二","选项"按钮中置信区间选择"95%",点击继续,如下图：

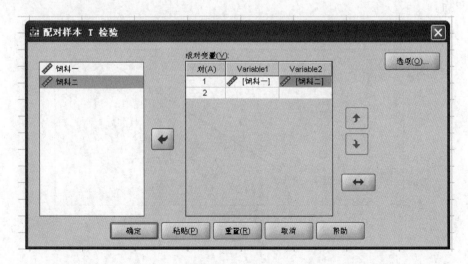

5. 点击"确定"按钮,得到如下结果:

成对样本检验

		成对差分					t	df	Sig.（双侧）
		均值	标准差	均值的标准误	差分的95%置信区间				
					下限	上限			
对1	饲料一 饲料二	−1.6889	4.6367	1.5456	−5.2529	1.8752	−1.093	8	.306

方式二的操作步骤

先验证甲乙两组数据是否服从正态分布,选择"分析→描述统计→Q-Q图".

甲组:

甲组的正态Q-Q图

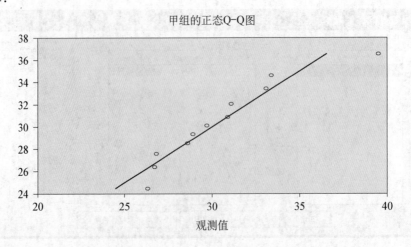

观测值

乙组：

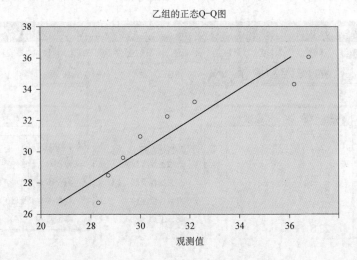

乙组的正态Q-Q图

检验得甲、乙两组数据均服从正态分布.

在变量视图中定义变量钙留存量、组别,设置相关参数格式.

	名称	类型	宽度	小数	标签	值	缺失	列	对齐	度量标准
1	钙留存量	数值(N)	8	1		无	无	8	居中	度量(S)
2	组别	数值(N)	8	0		无	无	8	右(R)	度量(S)

在数据视图中,输入甲、乙两组数据及组别.

	钙留存量	组别
1	29.7	1
2	26.7	1
3	28.9	1
4	31.1	1
5	31.1	1
6	26.8	1
7	26.3	1
8	39.5	1
9	30.9	1
10	33.4	1
11	33.1	1
12	28.6	1
13	28.7	2
14	28.3	2
15	29.3	2
16	32.2	2
17	31.1	2
18	30.0	2
19	36.2	2
20	36.8	2
21	30.0	2

3. 对实验数据进行分析,选择"分析"→"比较均值"→"独立样本 T 检验".

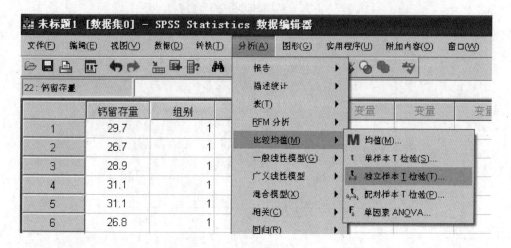

4. 选择变量,设置置信区间等.

5. 得出实验结果:

方差方程的 Levene 检验		均值方程的 t 检验						
							差分的 95% 置信区间	
F	$Sig.$	t	df	$Sig.$（双侧）	均值差值	标准误差值	下限	上限
.059	.811	$-.584$	19	.566	$-.8917$	1.5268	-4.0873	2.3040
		$-.599$	18.645	.557	$-.8917$	1.4897	-4.0136	2.2303

6. 实验结果与分析

通过比较双侧值与 α 的大小,如果双侧值大于 α,则接受原假设 H_0;反之,则拒绝 H_0.

对于方式一而言:由样本统计量表,统计量观测值的双侧值 0.306,因为 0.306 $>$ 0.05.

所以,接受原假设.即饲料 1 与饲料 2 的钙留存量没有明显差异

方式 2 实验结果分析:由实验结果表可知,

(1) 当方差相等时,双侧值为 0.566,因为 0.566 $>$ 0.05. 所以,接受原假设.即饲料 1 与饲料 2 的钙留存量没有明显差异.

(2) 当方差不相等时,双侧值为 0.557,因为 0.557 $>$ 0.05 所以,接受原假设.即饲料 1 与饲料 2 的钙留存量没有明显差异.

实验项目五 回归分析

例 以 X 与 Y 分别表示人的脚长(英寸)与手长(英寸),下面列出了 15 名女子的脚的长度 X 与手的长度 Y 的样本值 x 与 y 如下表:

| x | 9.00 | 8.50 | 9.25 | 9.75 | 9.00 | 10.00 | 9.50 | 9.00 | 9.25 | 9.50 | 9.25 | 10.00 | 10.00 | 9.75 | 9.50 |
| y | 6.50 | 6.25 | 7.25 | 7.00 | 6.50 | 7.00 | 7.00 | 7.00 | 7.00 | 7.50 | 7.25 | 7.25 | 7.25 | 7.25 | |

试求:

(1) 做出先作出脚长 x 英寸(自变量)和手长 y 英寸(因变量)的散点图;

(1) y 关于 x 的线性回归方程:$y = \beta_0 + \beta_1 x$.

解:一元线性回归方程原理

(1) 先作出脚长 x 英寸(自变量)和手长 y 英寸(因变量)的散点图,判断脚长 x 英寸(自变量)和手长 y 英寸(因变量)的一元回归方程为线性还是非线性的.

(2) 根据题目建立一元线性回归方程模型:$y = \beta_0 + \beta_1 x$.

(其中 y 为因变量(手长(英寸)、x 为自变量(脚长(英寸)、β_0 为常量、β_1 为自变量的具体系数).

(3) 再录入的对实验数据进行分析时,作出对应的实验操作(线性)完成实验操作得出实验结果.

(4) 对实验结果(系数表中 β_0(常量)、β_1(因变量 x 的具体系数))进行读取,得出脚长 x 英寸(自变量)和手长 y 英寸(因变量)的一元线性回归方程.

一元线性回归方程操作步骤:

1. 在变量视图中输入变量:自变量 x 英寸,因变量手长 y 英寸,可设置相关属性,如下图:

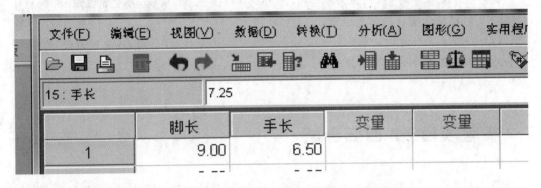

2. 在数据试图中,分别录入自变量 x 英寸,因变量手长 y 英寸的数据,如下图:

3. 在"图形"栏中选择"旧对话框"→"散点/点状"按钮,如下图:

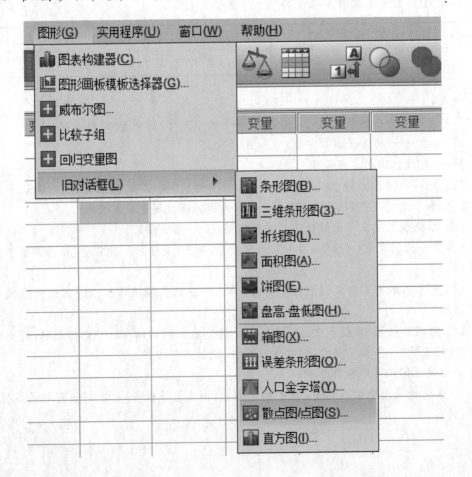

4. 在"散点图"图形栏中定义"简单分布",脚长为 X,手长为 Y,如下图:

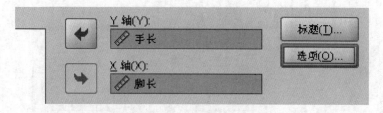

点击"确定"按钮,得到散点图如下:

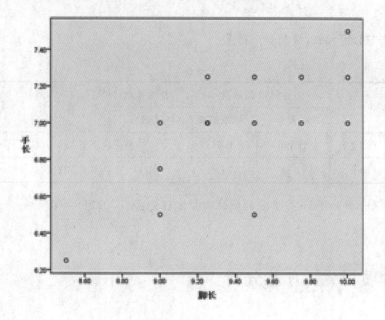

分析可得,手长和脚长服从线性回归方程.

5. 对自变量脚长 x 英寸,因变量手长 y 英寸发的实验数据进行分析,选择"分析"→"回归"→"线性",如下图:

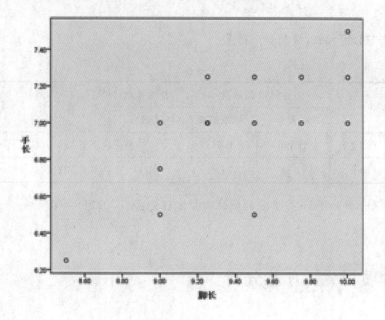

6. 在"线性回归"栏中,选择"手长"作为因变量,"脚长"作为自变量,如下图:

7. 点击"确定"按钮,得到如下结果:

系数[a]

模型		非标准化系数		标准系数	t	Sig.
		B	标准误差	试用版		
1	(常量)	1.896	1.441		1.316	.211
	脚长	.538	.153	.699	3.522	.004

则有结果分析如下,y 关于 x 的线性回归方程为:$y = 1.896 + 0.538x.$

实验项目六 方差分析

例1. 为寻求适应本地区的高产量油菜品种,选取了五种不同的品种进行试验,每一品种在四块试验田上试种,且各实验田的耕作条件相同. 实验结果(亩产量)如下:

品种\田块	1	2	3	4
1	256	222	280	298
2	244	300	290	275
3	250	277	230	322
4	288	280	315	259
5	206	212	220	212

试问不同品种的平均亩产量是否存在差异($\alpha = 0.05$)?

例2. 某女排运动员在世界杯赛、世界锦标赛和奥运会三种场合与美国队、日本队、俄罗斯队和古巴队的比赛中,其扣球成功率(%)如下表:

赛别\队别	美	日	俄	古
世界杯	70	68	89	85
世界锦标赛	60	70	80	78
奥运会	62	63	65	74

试判断不同比赛场合、队别对其扣球成功率是否分别有影响($\alpha = 0.05$)?

解:试验原理:(1) 单因素试验方差分析试验原理

提出原假设 H_0:

若问是有无显著差异,则假设 $H_0:u_1 = u_2 = u_3 = \cdots$,即假设该单因素对试验结果无显著差异.

实验结果分析:

观察实验结果中"对比"中的"显著性",比较显著性值与显著性水平 α.

若显著性值>α,则接受原假设;即若原假设为 $H_0:u_1 = u_2 = u_3 = \cdots$,则说明该单因素对试验结果无显著差异.

若显著性值<α,则拒绝原假设;即若原假设为 $H_0:u_1 = u_2 = u_3 = \cdots$,则说明该单因素对试验结果有显著差异.

(2) 双因素试验方差分析试验原理

提出原假设 H_{01} 和 H_{02}.

若均问是有无显著差异,则假设

$$H_{01}:a_1 = a_2 = a_3 = \cdots$$
$$H_{02}:b_1 = b_2 = b_3 = \cdots$$

即假设该双因素对试验结果无显著差异.

实验结果分析:

观察实验结果中"因变量"中的"$sig.$",比较 $sig.$ 与显著性水平 α.

若 $Sig.$>α,则接受原假设;即若原假设为

$$H_{01}:a_1 = a_2 = a_3 = \cdots$$
$$H_{02}:b_1 = b_2 = b_3 = \cdots$$

则说明该双因素均对试验结果无显著差异.

若 $Sig.$<α,则拒绝原假设;即若原假设为

$$H_{01}:a_1 = a_2 = a_3 = \cdots$$
$$H_{02}:b_1 = b_2 = b_3 = \cdots$$

则说明该双因素对试验结果有显著差异.

例1用 SPSS 操作如下:

1. 打开 SPSS,在变量视图中输入变量"品种"、"组别"名称,可修改变量属性,如下图:

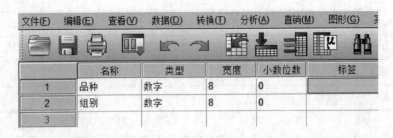

	名称	类型	宽度	小数位数	标签
1	品种	数字	8	0	
2	组别	数字	8	0	
3					

2. 在数据视图中,输入变量"品种"、"分组"对应的数据,如下图:

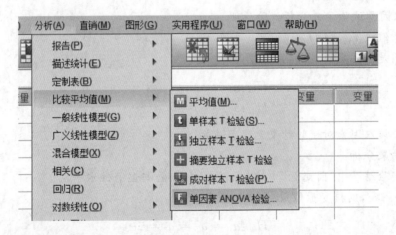

3. 对因素"品种"进行数据分析,选择"分析"→"比较均值"→"单因素",如下图:

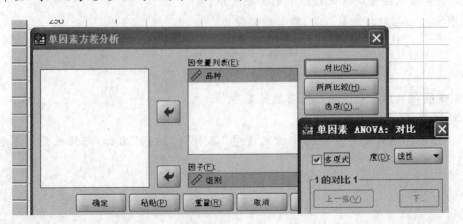

4. 在界面单因素方差分析中,选择因变量"品种"至"因变量列表",选择"组别"至"因子",单击"对比",勾选"多项式",选择"线性",最后点击"继续",如下图:

例 2 用 SPSS 操作如下：

1. 打开 SPSS,在变量视图中输入变量"扣球成功率"、"场合"、"队别"名称,可修改变量属性,如下图：

	名称	类型	宽度	小数位数
1	品种	数字	8	0
2	组别	数字	8	0
3	扣球成功率	数字	8	0
4	场合	数字	8	0
5	对别	数字	8	0
6				

2. 在数据视图中,输入变量"扣球成功率"、"场合"、"队别"对应的数据,如下图：

未标题1 [数据集0] － SPSS Statistics 数据编辑器

文件(F) 编辑(E) 视图(V) 数据(D) 转换(T) 分析(A) 图形(G) 实用程序(U) 附加内容

16：扣球成功率

	品种	组别	扣球成功率	场合	队别
1	256	1	70	1	1
2	222	1	60	2	1
3	280	1	62	3	1
4	298	1	68	1	2
5	244	2	70	2	2
6	300	2	63	3	3

3. 对双因素"场合"、"队别"进行数据分析,选择"分析"→"一般线性模型"→"单变量",如下图：

未标题1 [数据集0] － SPSS Statistics 数据编辑器

文件(F) 编辑(E) 视图(V) 数据(D) 转换(T) 分析(A) 图形(G) 实用程序(U) 附加内容(O)

16：扣球成功率

	品种	组别	扣		队别	变量
				报告 ▶		
				描述统计 ▶		
				表(T) ▶		
1	256	1		RFM 分析 ▶	1	
2	222	1		比较均值(M) ▶	1	
3	280	1		一般线性模型(G) ▶ GLM 单变量(U)...		
				广义线性模型 ▶ GLM 多变量(M)...		

4. 在界面"单变量"中,选择"扣球成功率"至因变量,选择"场合"、"队别"至"固定因子",单击"模型",如下图:

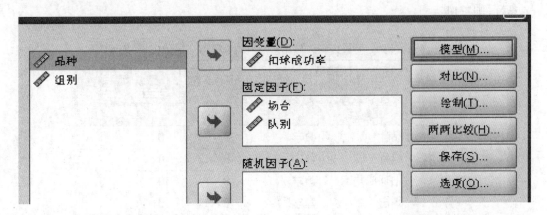

5. 在单变量:模型界面中,选定"设定",并在"构建项"中选择"主效应",将因子与协变量中的"场合"、"队别"选至"模型",点击"继续",如下图:

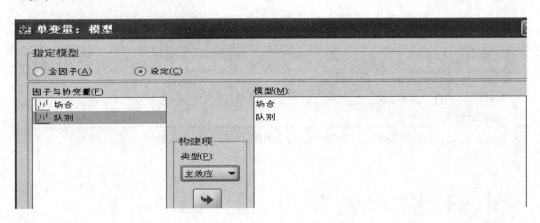

试验结果 1:

ANOVA

品种

		平方和	df	均方	F	显著性
组间	(组合)	13 195.700	4	3298.925	4.306	.016
	线性项　对比	3591.025	1	3591.025	4.687	.047
	偏差	9604.675	3	3201.558	4.179	.025
组内		11 491.500	15	766.100		
总数		24 687.200	19			

观察实验结果中"对比"中的"显著性",比较显著性值与显著性水平 α.

因显著性值为 0.047, $\alpha = 0.05$,有 $0.047 < 0.05$,即显著性值 $< \alpha$,

故拒绝原假设 $H_0 : u_1 = u_2 = u_3 = u_4 = u_5$,则说明该单因素对试验结果有显著差异.

试验结果2:

主体间效应的检验

因变量:扣球成功率

源	Ⅲ型平方和	df	均方	F	$Sig.$
校正模型	773.357[a]	5	154.671	4.972	.038
截距	56 572.857	1	56 572.857	1818.645	.000
场合	396.107	2	198.054	6.367	.033
队别	485.357	3	161.786	5.201	.042
误差	186.643	6	31.107		
总计	63 168.000	12			
校正的总计	960.000	11			

a. R 方=.806(调整 R 方=.644)

观察实验结果中双因素"场合"、"队别"中的"$sig.$",比较 $sig.$ 与显著性水平 α(α = 0.05).

由样本统计量表得:

"场合"的 $sig.$ 为 0.033,α = 0.05,有 0.033 < 0.05,即拒绝原假设,即不同比赛场合对其扣球成功率有影响.

"队别"的 sig,为 0.042,有 0.042 < 0.05,则拒绝原假设,即队别对其扣球成功率有影响.

常用数理统计表

表1　　　　标准正态分布函数 $\Phi(x) = \dfrac{1}{\sqrt{2\pi}} \displaystyle\int_{-\infty}^{x} e^{-\frac{u^2}{2}} du$ 数值表

x	0.00	0.01	0.02	0.03	0.04	0.05	0.06	0.07	0.08	0.09
0.0	0.5000	0.5040	0.5080	0.5120	0.5160	0.5199	0.5239	0.5279	0.5319	0.5359
0.1	0.5398	0.5438	0.5478	0.5517	0.5557	0.5596	0.5636	0.5675	0.5714	0.5753
0.2	0.5793	0.5832	0.5871	0.5910	0.5948	0.5987	0.6026	0.6064	0.6103	0.6141
0.3	0.6179	0.6217	0.6255	0.6293	0.6331	0.6368	0.6406	0.6443	0.6480	0.6517
0.4	0.6554	0.6591	0.6628	0.6664	0.6700	0.6736	0.6772	0.6808	0.6844	0.6879
0.5	0.6915	0.6950	0.6985	0.7019	0.7054	0.7088	0.7123	0.7157	0.7190	0.7224
0.6	0.7257	0.7291	0.7324	0.7357	0.7389	0.7422	0.7454	0.7485	0.7517	0.7549
0.7	0.7580	0.7611	0.7642	0.7673	0.7703	0.7734	0.7764	0.7794	0.7823	0.7852
0.8	0.7881	0.7910	0.7939	0.7967	0.7995	0.8023	0.8051	0.8078	0.8106	0.8133
0.9	0.8159	0.8186	0.8212	0.8238	0.8264	0.8289	0.8315	0.8340	0.8365	0.8389
1.0	0.8413	0.8438	0.8461	0.8485	0.8508	0.8531	0.8554	0.8577	0.8599	0.8621
1.1	0.8643	0.8665	0.8686	0.8708	0.8729	0.8749	0.8770	0.8790	0.8810	0.8830
1.2	0.8849	0.8869	0.8888	0.8907	0.8925	0.8944	0.8962	0.8980	0.8997	0.9015
1.3	0.9032	0.9049	0.9066	0.9082	0.9099	0.9115	0.9131	0.9147	0.9162	0.9177
1.4	0.9192	0.9207	0.9222	0.9236	0.9251	0.9265	0.9278	0.9292	0.9306	0.9319
1.5	0.9932	0.9345	0.9357	0.9370	0.9382	0.9394	0.9406	0.9418	0.9430	0.9441
1.6	0.9452	0.9465	0.9474	0.9484	0.9495	0.9505	0.9515	0.9525	0.9535	0.9545
1.7	0.9554	0.9564	0.9573	0.9582	0.9591	0.9599	0.9608	0.9616	0.9625	0.9633
1.8	0.9641	0.9648	0.9656	0.9664	0.9671	0.9678	0.9686	0.9693	0.9700	0.9706
1.9	0.9712	0.9719	0.9726	0.9732	0.9738	0.9744	0.9750	0.9756	0.9762	0.9767
2.0	0.9772	0.9778	0.9783	0.9788	0.9793	0.9798	0.9803	0.9808	0.9812	0.9817
2.1	0.9821	0.9826	0.9830	0.9834	0.9838	0.9842	0.9864	0.9850	0.9854	0.9857
2.2	0.9861	0.9864	0.9868	0.9871	0.9874	0.9878	0.9881	0.9884	0.9887	0.9890
2.3	0.9893	0.9896	0.9898	0.9901	0.9904	0.9906	0.9909	0.9911	0.9913	0.9916
2.4	0.9918	0.9920	0.9922	0.9925	0.9927	0.9929	0.9931	0.9932	0.9934	0.9936
2.5	0.9938	0.9940	0.9941	0.9943	0.9945	0.9946	0.9948	0.9940	0.9951	0.9952
2.6	0.9953	0.9955	0.9956	0.9957	0.9959	0.9960	0.9961	0.9962	0.9963	0.9964
2.7	0.9965	0.9966	0.9967	0.9968	0.9969	0.9970	0.9971	0.9972	0.9973	0.9974
2.8	0.9974	0.9975	0.9976	0.9977	0.9977	0.9978	0.9979	0.9979	0.9980	0.9981

x	0.00	0.01	0.02	0.03	0.04	0.05	0.06	0.07	0.08	0.09
2.9	0.9981	0.9982	0.9982	0.9983	0.9984	0.9984	0.9985	0.9985	0.9986	0.9986
3.0	0.9987	0.9987	0.9987	0.9988	0.9988	0.9989	0.9989	0.9989	0.9990	0.9990
3.1	0.9990	0.9991	0.9991	0.9991	0.9992	0.9992	0.9992	0.9992	0.9993	0.9993
3.2	0.9993	0.9993	0.9994	0.9994	0.9994	0.9994	0.9994	0.9995	0.9995	0.9995
3.3	0.9995	0.9995	0.9995	0.9996	0.9996	0.9996	0.9996	0.9996	0.9996	0.9997
3.4	0.9997	0.9997	0.9997	0.9997	0.9997	0.9997	0.9997	0.9997	0.9997	0.9998
3.6	0.9998	0.9998	0.9999	0.9999	0.9999	0.9999	0.9999	0.9999	0.9999	0.9999

表2 t_α 分布表

$n\backslash\alpha$	0.25	0.2	0.15	0.1	0.05	0.025	0.01	0.005	0.0025
1	1.0000	1.3764	1.9626	3.0777	6.3138	12.7062	31.8205	63.6567	127.3213
2	0.8165	1.0607	1.3862	1.8856	2.9200	4.3027	6.9646	9.9248	14.0890
3	0.7649	0.9785	1.2498	1.6377	2.3534	3.1824	4.5407	5.8409	7.4533
4	0.7407	0.9410	1.1896	1.5332	2.1318	2.7764	3.7469	4.6041	5.5976
5	0.7267	0.9195	1.1558	1.4759	2.0150	2.5706	3.3649	4.0321	4.7733
6	0.7176	0.9057	1.1342	1.4398	1.9432	2.4469	3.1427	3.7074	4.3168
7	0.7111	0.8960	1.1192	1.4149	1.8946	2.3646	2.9980	3.4995	4.0293
8	0.7064	0.8889	1.1081	1.3968	1.8595	2.3060	2.8965	3.3554	3.8325
9	0.7027	0.8834	1.0997	1.3830	1.8331	2.2622	2.8214	3.2498	3.6897
10	0.6998	0.8791	1.0931	1.3722	1.8125	2.2281	2.7638	3.1693	3.5814
11	0.6974	0.8755	1.0877	1.3634	1.7959	2.2010	2.7181	3.1058	3.4966
12	0.6955	0.8726	1.0832	1.3562	1.7823	2.1788	2.6810	3.0545	3.4284
13	0.6938	0.8702	1.0795	1.3502	1.7709	2.1604	2.6503	3.0123	3.3725
14	0.6924	0.8681	1.0763	1.3450	1.7613	2.1448	2.6245	2.9768	3.3257
15	0.6912	0.8662	1.0735	1.3406	1.7531	2.1314	2.6025	2.9467	3.2860
16	0.6901	0.8647	1.0711	1.3368	1.7459	2.1199	2.5835	2.9208	3.2520
17	0.6892	0.8633	1.0690	1.3334	1.7396	2.1098	2.5669	2.8982	3.2224
18	0.6884	0.8620	1.0672	1.3304	1.7341	2.1009	2.5524	2.8784	3.1966
19	0.6876	0.8610	1.0655	1.3277	1.7291	2.0930	2.5395	2.8609	3.1737
20	0.6870	0.8600	1.0640	1.3253	1.7247	2.0860	2.5280	2.8453	3.1534
21	0.6864	0.8591	1.0627	1.3232	1.7207	2.0796	2.5176	2.8314	3.1352
22	0.6858	0.8583	1.0614	1.3212	1.7171	2.0739	2.5083	2.8188	3.1188
23	0.6853	0.8575	1.0603	1.3195	1.7139	2.0687	2.4999	2.8073	3.1040
24	0.6848	0.8569	1.0593	1.3178	1.7109	2.0639	2.4922	2.7969	3.0905
25	0.6844	0.8562	1.0584	1.3163	1.7081	2.0595	2.4851	2.7874	3.0782
26	0.6840	0.8557	1.0575	1.3150	1.7056	2.0555	2.4786	2.7787	3.0669

n\α	0.25	0.2	0.15	0.1	0.05	0.025	0.01	0.005	0.0025
27	0.6837	0.8551	1.0567	1.3137	1.7033	2.0518	2.4727	2.7707	3.0565
28	0.6834	0.8546	1.0560	1.3125	1.7011	2.0484	2.4671	2.7633	3.0469
29	0.6830	0.8542	1.0553	1.3114	1.6991	2.0452	2.4620	2.7564	3.0380
30	0.6828	0.8538	1.0547	1.3104	1.6973	2.0423	2.4573	2.7500	3.0298
31	0.6825	0.8534	1.0541	1.3095	1.6955	2.0395	2.4528	2.7440	3.0221
32	0.6822	0.8530	1.0535	1.3086	1.6939	2.0369	2.4487	2.7385	3.0149
33	0.6820	0.8526	1.0530	1.3077	1.6924	2.0345	2.4448	2.7333	3.0082
34	0.6818	0.8523	1.0525	1.3070	1.6909	2.0322	2.4411	2.7284	3.0020
35	0.6816	0.8520	1.0520	1.3062	1.6896	2.0301	2.4377	2.7238	2.9960
36	0.6814	0.8517	1.0516	1.3055	1.6883	2.0281	2.4345	2.7195	2.9905
37	0.6812	0.8514	1.0512	1.3049	1.6871	2.0262	2.4314	2.7154	2.9852
38	0.6810	0.8512	1.0508	1.3042	1.6860	2.0244	2.4286	2.7116	2.9803
39	0.6808	0.8509	1.0504	1.3036	1.6849	2.0227	2.4258	2.7079	2.9756
40	0.6807	0.8507	1.0500	1.3031	1.6839	2.0211	2.4233	2.7045	2.9712

表3 χ^2分布表

n\α	0.995	0.99	0.975	0.95	0.9	0.1	0.05	0.025	0.01	0.005
1	0.0000	0.0002	0.0010	0.0039	0.0158	2.7055	3.8415	5.0239	6.6349	7.8794
2	0.0100	0.0201	0.0506	0.1026	0.2107	4.6052	5.9915	7.3778	9.2103	10.5966
3	0.0717	0.1148	0.2158	0.3518	0.5844	6.2514	7.8147	9.3484	11.3449	12.8382
4	0.2070	0.2971	0.4844	0.7107	1.0636	7.7794	9.4877	11.1433	13.2767	14.8603
5	0.4117	0.5543	0.8312	1.1455	1.6103	9.2364	11.0705	12.8325	15.0863	16.7496
6	0.6757	0.8721	1.2373	1.6354	2.2041	10.6446	12.5916	14.4494	16.8119	18.5476
7	0.9893	1.2390	1.6899	2.1673	2.8331	12.0170	14.0671	16.0128	18.4753	20.2777
8	1.3444	1.6465	2.1797	2.7326	3.4895	13.3616	15.5073	17.5345	20.0902	21.9550
9	1.7349	2.0879	2.7004	3.3251	4.1682	14.6837	16.9190	19.0228	21.6660	23.5894
10	2.1559	2.5582	3.2470	3.9403	4.8652	15.9872	18.3070	20.4832	23.2093	25.1882
11	2.6032	3.0535	3.8157	4.5748	5.5778	17.2750	19.6751	21.9200	24.7250	26.7568
12	3.0738	3.5706	4.4038	5.2260	6.3038	18.5493	21.0261	23.3367	26.2170	28.2995
13	3.5650	4.1069	5.0088	5.8919	7.0415	19.8119	22.3620	24.7356	27.6882	29.8195
14	4.0747	4.6604	5.6287	6.5706	7.7895	21.0641	23.6848	26.1189	29.1412	31.3193
15	4.6009	5.2293	6.2621	7.2609	8.5468	22.3071	24.9958	27.4884	30.5779	32.8013
16	5.1422	5.8122	6.9077	7.9616	9.3122	23.5418	26.2962	28.8454	31.9999	34.2672
17	5.6972	6.4078	7.5642	8.6718	10.0852	24.7690	27.5871	30.1910	33.4087	35.7185
18	6.2648	7.0149	8.2307	9.3905	10.8649	25.9894	28.8693	31.5264	34.8053	37.1565
19	6.8440	7.6327	8.9065	10.1170	11.6509	27.2036	30.1435	32.8523	36.1909	38.5823

续表

$n\backslash\alpha$	0.995	0.99	0.975	0.95	0.9	0.1	0.05	0.025	0.01	0.005
20	7.4338	8.2604	9.5908	10.8508	12.4426	28.4120	31.4104	34.1696	37.5662	39.9968
21	8.0337	8.8972	10.2829	11.5913	13.2396	29.6151	32.6706	35.4789	38.9322	41.4011
22	8.6427	9.5425	10.9823	12.3380	14.0415	30.8133	33.9244	36.7807	40.2894	42.7957
23	9.2604	10.1957	11.6886	13.0905	14.8480	32.0069	35.1725	38.0756	41.6384	44.1813
24	9.8862	10.8564	12.4012	13.8484	15.6587	33.1962	36.4150	39.3641	42.9798	45.5585
25	10.5197	11.5240	13.1197	14.6114	16.4734	34.3816	37.6525	40.6465	44.3141	46.9279
26	11.1602	12.1981	13.8439	15.3792	17.2919	35.5632	38.8851	41.9232	45.6417	48.2899
27	11.8076	12.8785	14.5734	16.1514	18.1139	36.7412	40.1133	43.1945	46.9629	49.6449
28	12.4613	13.5647	15.3079	16.9279	18.9392	37.9159	41.3371	44.4608	48.2782	50.9934
29	13.1211	14.2565	16.0471	17.7084	19.7677	39.0875	42.5570	45.7223	49.5879	52.3356
30	13.7867	14.9535	16.7908	18.4927	20.5992	40.2560	43.7730	46.9792	50.8922	53.6720
31	14.4578	15.6555	17.5387	19.2806	21.4336	41.4217	44.9853	48.2319	52.1914	55.0027
32	15.1340	16.3622	18.2908	20.0719	22.2706	42.5847	46.1943	49.4804	53.4858	56.3281
33	15.8153	17.0735	19.0467	20.8665	23.1102	43.7452	47.3999	50.7251	54.7755	57.6484
34	16.5013	17.7891	19.8063	21.6643	23.9523	44.9032	48.6024	51.9660	56.0609	58.9639
35	17.1918	18.5089	20.5694	22.4650	24.7967	46.0588	49.8018	53.2033	57.3421	60.2748
36	17.8867	19.2327	21.3359	23.2686	25.6433	47.2122	50.9985	54.4373	58.6192	61.5812
37	18.5858	19.9602	22.1056	24.0749	26.4921	48.3634	52.1923	55.6680	59.8925	62.8833
38	19.2889	20.6914	22.8785	24.8839	27.3430	49.5126	53.3835	56.8955	61.1621	64.1814
39	19.9959	21.4262	23.6543	25.6954	28.1958	50.6598	54.5722	58.1201	62.4281	65.4756
40	20.7065	22.1643	24.4330	26.5093	29.0505	51.8051	55.7585	59.3417	63.6907	66.7660
41	21.4208	22.9056	25.2145	27.3256	29.9071	52.9485	56.9424	60.5606	64.9501	68.0527
42	22.1385	23.6501	25.9987	28.1440	30.7654	54.0902	58.1240	61.7768	66.2062	69.3360
43	22.8595	24.3976	26.7854	28.9647	31.6255	55.2302	59.3035	62.9904	67.4593	70.6159
44	23.5837	25.1480	27.5746	29.7875	32.4871	56.3685	60.4809	64.2015	68.7095	71.8926
45	24.3110	25.9013	28.3662	30.6123	33.3504	57.5053	61.6562	65.4102	69.9568	73.1661

表4　　　对应于概率 $P(F \geqslant F_\alpha) = \alpha$ 及自由度 (k_1, k_2) 的 F_α 的数值表

$\alpha = 0.05$

$n\backslash M$	1	2	3	4	5	6	7	8	9	10	12	15	20	24	30	40	60	120	∞
1	161.4	199.5	215.7	224.6	230.2	234.0	236.8	238.9	240.5	241.9	243.9	245.9	248.0	249.1	250.1	251.1	252.2	253.3	254.3
2	18.51	19.00	19.16	19.25	19.30	19.33	19.35	19.37	19.38	19.40	19.41	19.43	19.45	19.45	19.46	19.47	19.48	19.49	19.50
3	10.13	9.55	9.28	9.12	9.01	8.94	8.89	8.85	8.81	8.79	8.74	8.70	8.66	8.64	8.62	8.59	8.57	8.55	8.53
4	7.71	6.94	6.59	6.39	6.26	6.16	6.09	6.04	6.00	5.96	5.91	5.86	5.80	5.77	5.75	5.72	5.69	5.66	5.63
5	6.61	5.79	5.41	5.19	5.05	4.95	4.88	4.82	4.77	4.74	4.68	4.62	4.56	4.53	4.50	4.46	4.43	4.40	4.36
6	5.99	5.14	4.76	4.53	4.39	4.28	4.21	4.15	4.10	4.06	4.00	3.94	3.87	3.84	3.81	3.77	3.74	3.70	3.67
7	5.59	4.74	4.35	4.12	3.97	3.87	3.79	3.73	3.68	3.64	3.57	3.51	3.44	3.41	3.38	3.34	3.30	3.27	3.23

续表

n \ M	1	2	3	4	5	6	7	8	9	10	12	15	20	24	30	40	60	120	∞
8	5.32	4.46	4.07	3.84	3.69	3.58	3.50	3.44	3.39	3.35	3.28	3.22	3.15	3.12	3.08	3.04	3.01	2.97	2.93
9	5.12	4.26	3.86	3.63	3.48	3.37	3.29	3.23	3.18	3.14	3.07	3.01	2.94	2.90	2.86	2.83	2.79	2.75	2.71
10	4.96	4.10	3.71	3.48	3.33	3.22	3.14	3.07	3.02	2.98	2.91	2.85	2.77	32.74	2.70	2.66	2.62	2.58	2.54
11	4.84	3.98	3.59	3.36	3.20	3.09	3.01	2.95	2.90	2.85	2.79	2.72	2.65	2.61	2.57	2.53	2.49	2.45	2.40
12	4.75	3.89	3.49	3.26	3.11	3.00	2.91	2.85	2.80	2.75	2.69	2.62	2.54	2.51	2.47	2.43	2.38	2.34	2.30
13	4.67	3.81	3.41	3.18	3.03	2.92	2.83	2.77	2.71	2.67	2.60	2.53	2.46	2.42	2.38	2.34	2.30	2.25	2.21
14	4.60	3.74	3.34	3.11	2.96	2.85	2.76	2.70	2.65	2.6	2.53	2.46	2.39	2.35	2.31	2.27	2.22	2.18	2.13
15	4.54	3.68	3.29	3.06	2.90	2.79	2.71	2.64	2.59	2.54	2.48	2.40	2.33	2.29	2.25	2.20	2.16	2.11	2.07
16	4.49	3.63	3.24	3.01	2.85	2.74	2.66	2.59	2.54	2.49	2.42	2.35	2.28	2.24	2.19	2.15	2.11	2.06	2.01
17	4.45	3.59	3.20	2.96	2.81	2.70	2.61	2.55	2.49	2.45	2.38	2.31	2.23	2.19	2.15	2.10	2.06	2.01	1.96
18	4.41	3.55	3.16	2.93	2.77	2.66	2.58	2.51	2.46	2.41	2.34	2.27	2.19	2.15	2.11	2.06	2.02	1.97	1.92
19	4.38	3.52	3.13	2.90	2.74	2.63	2.54	2.48	2.42	2.38	2.31	2.23	2.16	2.11	2.07	2.03	1.98	1.93	1.88
20	4.35	3.49	3.10	2.87	2.71	2.60	2.51	2.45	2.39	2.35	2.28	2.20	2.12	2.08	2.04	1.99	1.95	1.90	1.84
21	4.32	3.47	3.07	2.84	2.68	2.57	2.49	2.42	2.37	2.32	2.25	2.18	2.10	2.05	2.01	1.96	1.92	1.87	1.81
22	4.30	3.44	3.05	2.82	2.66	2.55	2.46	2.40	2.34	2.30	2.23	2.15	2.07	2.03	1.98	1.94	1.89	1.84	1.78
23	4.28	3.42	3.03	2.80	2.64	2.53	2.44	2.37	2.32	2.27	2.20	2.13	2.05	2.01	1.96	1.91	1.86	1.81	1.76
24	4.26	3.40	3.01	2.78	2.62	2.51	2.42	2.36	2.30	2.25	2.18	2.11	2.03	1.98	1.94	1.89	1.84	1.79	1.73
25	4.24	3.39	2.99	2.76	2.60	2.49	2.40	2.34	2.28	2.24	2.16	2.09	2.01	1.96	1.92	1.87	1.82	1.77	1.71
26	4.23	3.37	2.98	2.74	2.59	2.47	2.39	2.32	2.27	2.22	2.15	2.07	1.99	1.95	1.90	1.85	1.80	1.75	1.69
27	4.21	3.35	2.96	2.73	2.57	2.46	2.37	2.31	2.25	2.20	2.13	2.06	1.97	1.93	1.88	1.84	1.79	1.73	1.67
28	4.20	3.34	2.95	2.71	2.56	2.45	2.36	2.29	2.24	2.19	2.12	2.04	1.96	1.91	1.87	1.82	1.77	1.71	1.65
29	4.18	3.33	2.93	2.70	2.55	2.43	2.35	2.28	2.22	2.18	2.10	2.03	1.94	1.90	1.85	1.81	1.75	1.70	1.64
30	4.17	3.32	2.92	2.69	2.53	2.42	2.33	2.27	2.21	2.16	2.09	2.01	1.93	1.89	1.84	1.79	1.74	1.68	1.62
40	4.08	3.23	2.84	2.61	2.45	2.34	2.25	2.18	2.12	2.08	2.00	1.92	1.84	1.79	1.74	1.69	1.64	1.58	1.51
60	4.00	3.15	2.76	2.53	2.37	2.25	2.17	2.10	2.04	1.99	1.92	1.84	1.75	1.70	1.65	1.59	1.53	1.47	1.39
120	3.92	3.07	2.68	2.45	2.29	2.17	2.09	2.02	1.96	1.91	1.83	1.75	1.66	1.61	1.55	1.50	1.43	1.35	1.25
∞	3.84	3.00	2.60	2.37	2.21	2.10	2.01	1.94	1.88	1.83	1.75	1.67	1.57	1.52	1.46	1.39	1.32	1.22	1.00

$\alpha = 0.025$

续表

n \ M	1	2	3	4	5	6	7	8	9	10	12	15	20	24	30	40	60	120	∞
1	647.8	799.5	864.2	899.6	921.8	937.1	948.2	956.7	963.3	968.6	976.7	984.9	993.1	997.2	1001	1006	1010	1014	1018
2	38.51	39.00	39.17	39.25	39.30	39.33	39.36	39.37	39.39	39.40	39.41	39.43	39.45	39.46	39.46	39.47	39.48	39.49	39.50
3	17.44	16.04	15.44	15.10	14.88	14.73	14.62	14.54	14.47	14.42	44.34	14.25	14.17	14.12	14.08	14.04	13.99	13.95	13.90
4	12.22	10.65	9.98	9.60	9.36	9.20	9.07	8.98	8.90	8.84	8.75	8.66	8.56	8.51	8.46	8.41	8.36	8.31	8.26
5	10.01	8.43	7.76	7.39	7.15	6.98	6.85	6.76	6.68	6.62	6.52	6.43	6.31	6.28	6.23	6.18	6.12	6.07	6.02
6	8.81	7.26	6.60	6.23	5.99	5.82	5.70	5.60	5.52	5.46	5.37	5.27	5.17	5.12	5.07	5.01	4.96	4.90	4.85
7	8.07	6.54	5.89	5.52	5.29	5.12	4.99	4.90	4.80	4.76	4.67	4.57	4.47	4.42	4.36	4.31	4.25	4.20	4.14
8	7.57	6.06	5.42	5.05	4.82	4.65	4.53	4.43	4.36	4.30	4.20	4.10	4.00	3.95	3.89	3.84	3.78	3.73	3.67
9	7.21	5.71	5.08	4.72	4.48	4.32	4.20	4.10	4.03	3.96	3.87	3.77	3.67	3.61	3.56	3.51	3.45	3.39	3.33
10	6.94	5.46	4.83	4.47	4.24	4.07	3.95	3.85	3.78	3.72	3.62	3.52	3.42	3.37	3.31	3.26	3.20	3.14	3.08
11	6.72	5.26	4.63	4.28	4.04	3.88	3.76	3.66	3.59	3.53	3.43	3.33	3.23	3.17	3.12	3.06	3.00	2.94	2.88
12	6.55	5.10	4.47	4.12	3.89	3.73	3.61	3.51	3.44	3.37	3.28	3.18	3.07	3.02	2.96	2.91	2.85	2.79	2.72
13	6.41	4.97	4.35	4.00	3.77	3.60	3.48	3.39	3.31	3.25	3.15	3.05	2.95	2.89	2.84	2.78	2.72	2.66	2.60

续表

n \ M	1	2	3	4	5	6	7	8	9	10	12	15	20	24	30	40	60	120	∞
14	6.30	4.86	4.24	3.89	3.66	3.50	3.38	3.29	3.21	3.15	3.05	2.95	2.84	2.79	2.73	2.67	2.61	2.55	2.49
15	6.20	4.77	4.15	3.80	3.58	3.41	3.29	3.20	3.12	3.06	2.96	2.86	2.76	2.70	2.64	2.59	2.52	2.46	2.40
16	6.12	4.69	4.08	3.73	3.50	3.34	3.22	3.12	3.05	2.99	2.89	2.79	2.68	2.63	2.57	2.51	2.45	2.38	2.32
17	6.04	4.62	4.01	3.66	3.44	3.28	3.16	3.06	2.98	2.92	2.82	2.72	2.62	2.56	2.50	2.44	2.38	2.32	2.25
18	5.98	4.56	3.95	3.61	3.38	3.22	3.10	3.01	2.93	2.87	2.77	2.67	2.56	2.50	2.44	2.38	2.32	2.66	2.19
19	5.92	4.51	3.90	3.56	3.33	3.17	3.05	2.96	2.88	2.80	2.72	2.62	2.51	2.45	2.39	2.33	2.27	2.20	2.13
20	5.87	4.46	3.86	3.51	3.29	3.13	3.01	2.91	2.84	2.77	2.68	2.57	2.46	2.41	2.35	2.29	2.22	2.16	2.09
21	5.83	4.42	3.82	3.48	3.25	3.09	2.97	2.87	2.80	2.73	2.64	2.53	2.42	2.37	2.31	2.25	2.18	2.11	2.04
22	5.79	4.38	3.78	3.44	3.22	3.05	2.93	2.84	2.76	2.70	2.60	2.50	2.39	2.33	2.27	2.21	2.14	2.08	2.00
23	5.75	4.35	3.75	3.41	3.18	3.02	2.90	2.81	2.73	2.67	2.57	2.47	2.36	2.30	2.24	2.18	2.11	2.04	1.97
24	5.72	4.32	3.72	3.38	3.15	2.99	2.87	2.78	2.70	2.64	2.54	2.44	2.33	2.27	2.21	2.15	2.08	2.01	1.94
25	5.69	4.29	3.69	3.35	3.13	2.97	2.85	2.75	2.68	2.61	2.51	2.41	2.30	2.24	2.18	2.12	2.05	1.98	1.91
26	5.66	4.27	3.67	3.33	3.10	2.94	2.82	2.73	2.65	2.59	2.49	2.39	2.28	2.22	2.16	2.09	2.03	1.95	1.88
27	5.63	4.24	3.65	3.31	3.08	2.92	2.80	2.71	2.63	2.57	2.47	2.36	2.28	2.19	2.13	2.07	2.00	1.93	1.85
28	5.61	4.22	3.63	3.29	3.06	2.90	2.78	2.69	2.61	2.55	2.45	2.34	2.23	2.17	2.11	2.05	1.98	1.91	1.83
29	5.59	4.20	3.61	3.27	3.04	2.88	2.76	2.67	2.59	2.53	2.43	2.32	2.21	2.15	2.09	2.03	1.96	1.89	1.81
30	5.57	4.18	3.59	3.25	3.03	2.87	2.75	2.65	2.57	2.51	2.41	2.31	2.20	2.14	2.07	2.01	1.94	1.87	1.79
40	5.42	4.05	3.46	3.13	2.90	2.74	2.62	2.53	2.45	2.39	2.29	2.18	2.07	2.01	1.94	1.88	1.80	1.72	1.64
60	5.29	3.93	3.34	3.01	2.79	2.63	2.51	2.41	2.33	2.27	2.17	2.06	1.94	1.88	1.82	1.74	1.67	1.58	1.48
120	5.15	3.80	3.23	2.89	2.67	2.52	2.39	2.30	2.22	2.16	2.05	1.94	1.82	1.76	1.69	1.61	1.53	1.43	1.31
∞	5.02	3.69	3.12	2.79	2.57	2.41	2.29	2.19	2.11	2.05	1.94	1.83	1.71	1.64	1.57	1.48	1.39	1.27	1.00

$\alpha=0.01$

续表

n \ M	1	2	3	4	5	6	7	8	9	10	12	15	20	24	30	40	60	120	∞
1	4052	4999.5	5403	5625	5764	5859	5928	5982	6022	6056	6106	6157	6209	6235	6261	6287	6313	6339	6366
2	98.50	99.00	99.17	99.25	99.30	99.33	99.36	99.37	99.39	99.40	99.42	99.43	99.45	99.46	99.47	99.47	99.48	99.49	99.50
3	34.12	30.82	29.46	28.71	28.24	27.91	27.67	27.49	27.35	27.23	27.05	26.87	26.69	26.60	26.50	26.41	26.32	26.22	26.13
4	21.20	18.00	16.69	15.98	15.52	15.21	14.98	14.80	14.66	14.55	14.37	14.20	14.02	13.93	13.84	13.75	13.65	13.56	13.46
5	16.26	13.27	12.06	11.39	10.97	10.67	10.46	10.29	10.16	10.05	9.89	9.72	9.55	9.47	9.38	9.29	9.20	9.11	9.02
6	13.75	10.92	9.78	9.15	8.75	8.47	8.26	8.10	7.98	7.87	7.72	7.56	7.40	7.31	7.23	7.14	7.06	6.97	6.88
7	12.25	9.55	8.45	7.85	7.46	7.19	6.99	6.84	6.72	6.62	6.47	6.31	6.16	6.07	5.99	5.91	5.82	5.74	5.65
8	11.26	8.65	7.59	7.01	6.63	6.37	6.18	6.03	5.91	5.81	5.67	5.52	5.36	5.28	5.20	5.12	5.03	4.95	4.86
9	10.56	8.02	6.99	6.42	6.06	5.80	5.61	5.47	5.35	5.26	5.11	4.96	4.81	4.73	4.65	4.57	4.48	4.40	4.31
10	10.04	7.56	6.55	5.99	5.64	5.39	5.20	5.06	4.94	4.85	4.71	4.56	4.41	4.33	4.25	4.17	4.08	4.00	3.91
11	9.65	7.21	6.22	5.67	5.32	5.07	4.89	4.74	4.63	4.54	4.40	4.25	4.10	4.02	3.94	3.86	3.78	3.69	3.60
12	9.33	6.93	5.95	5.41	5.06	4.82	4.64	4.50	4.39	4.30	4.16	4.01	3.86	3.78	3.70	3.62	3.54	3.45	3.36
13	9.07	6.70	5.74	5.21	4.86	4.62	4.44	4.30	4.19	4.10	3.96	3.82	3.66	3.59	3.51	3.43	3.34	3.25	3.17
14	8.86	6.51	5.56	5.04	4.69	4.46	4.28	4.14	4.03	3.94	3.80	3.66	3.51	3.43	3.35	3.27	3.18	3.09	3.00
15	8.68	6.36	5.42	4.89	4.56	4.32	4.14	4.00	3.89	3.80	3.67	3.52	3.37	3.29	3.21	3.13	3.05	2.96	2.87
16	8.53	6.23	5.29	4.77	4.44	4.20	4.03	3.89	3.78	3.69	3.55	3.41	3.26	3.18	3.10	3.02	2.93	2.84	2.75
17	8.40	6.11	5.18	4.67	4.34	4.10	3.93	3.79	3.68	3.59	3.46	3.31	3.16	3.08	3.00	2.92	2.83	2.75	2.65
18	8.29	6.01	5.09	4.58	4.25	4.01	3.84	3.71	3.60	3.51	3.37	3.23	3.08	3.00	2.92	2.84	2.75	2.66	2.57

续表

n\M	1	2	3	4	5	6	7	8	9	10	12	15	20	24	30	40	60	120	∞
19	8.18	5.93	5.01	4.50	4.17	3.94	3.77	3.63	3.52	3.43	3.30	3.15	3.00	2.92	2.84	2.76	2.67	2.58	2.49
20	8.10	5.85	4.94	4.43	4.10	3.87	3.70	3.56	3.46	3.37	3.23	3.09	2.94	2.86	2.78	2.69	2.61	2.52	2.42
21	8.02	5.78	4.87	4.37	4.04	3.81	3.64	3.51	3.40	3.31	3.17	3.03	2.88	2.80	2.72	2.64	2.55	2.46	2.36
22	7.95	5.72	4.82	4.31	3.99	3.76	3.59	3.45	3.35	3.26	3.12	3.98	2.83	2.75	2.67	2.58	2.50	2.40	2.31
23	7.88	5.66	4.76	4.26	3.94	3.71	3.54	3.41	3.30	3.21	3.07	3.93	2.78	2.70	2.62	2.54	2.45	2.35	2.26
24	7.82	5.61	4.72	4.22	3.90	3.67	3.50	3.36	3.26	3.17	3.03	3.89	2.74	2.66	2.58	2.49	2.40	2.31	2.21
25	7.77	5.57	4.68	4.18	3.85	3.63	3.46	3.32	3.22	3.13	2.99	3.85	2.70	2.62	2.54	2.45	2.36	2.27	2.17
26	7.72	5.53	4.64	4.14	3.82	3.59	3.42	3.29	3.18	3.09	2.96	2.81	2.66	2.58	2.50	2.42	2.33	2.23	2.13
27	7.68	5.49	4.60	4.11	3.78	3.56	3.39	3.26	3.15	3.06	2.93	2.78	2.63	2.55	2.47	2.38	2.29	2.20	2.10
28	7.64	5.45	4.57	4.07	3.75	3.53	3.36	3.23	3.12	3.03	2.90	2.75	2.60	2.52	2.44	2.35	2.26	2.17	2.06
29	7.60	5.42	4.54	4.04	3.73	3.50	3.33	3.20	3.09	3.00	2.87	2.73	2.57	2.49	2.41	2.33	2.23	2.14	2.03
30	7.56	5.39	4.51	4.02	3.70	3.47	3.30	3.17	3.07	2.98	2.84	2.70	2.55	2.47	2.39	2.30	2.21	2.11	2.01
40	7.31	5.18	4.31	3.83	3.51	3.29	3.12	2.99	2.89	2.80	2.66	2.52	2.37	2.29	2.20	2.11	2.02	1.92	1.80
60	7.08	4.98	4.13	3.65	3.34	3.12	2.95	2.82	2.72	2.63	2.50	2.35	2.20	2.12	2.03	1.94	1.84	1.73	1.60
120	6.85	4.79	3.95	3.48	3.17	2.96	2.79	2.66	2.56	2.47	2.34	2.19	2.03	1.95	1.86	1.76	1.66	1.53	1.38
∞	6.63	4.61	3.78	3.32	3.02	2.80	2.64	2.51	2.41	2.32	2.18	2.04	1.88	1.79	1.70	1.59	1.47	1.32	1.00

$\alpha=0.005$

续表

n\M	1	2	3	4	5	6	7	8	9	10	12	15	20	24	30	40	60	120	∞
1	16211	20000	21615	22500	23056	23437	23715	23925	24091	24224	24426	24630	24836	24940	25044	25148	25253	25359	25465
2	198.5	199	199.2	199.2	199.3	199.3	199.4	199.4	199.4	199.4	199.4	199.4	199.4	199.5	199.5	199.5	199.5	199.5	199.5
3	55.55	49.80	47.47	46.19	45.39	44.84	44.43	44.13	43.88	43.69	43.39	43.08	42.78	42.62	42.47	42.31	42.15	41.99	41.83
4	31.33	26.28	24.26	23.65	22.46	21.97	21.62	21.35	21.14	20.97	20.70	20.44	20.17	20.03	19.89	19.75	19.61	19.47	19.32
5	22.78	18.31	16.53	15.56	14.94	14.51	14.20	13.96	13.77	13.62	13.38	13.15	12.90	12.78	12.66	12.53	12.40	12.27	12.14
6	18.63	14.54	12.92	12.03	11.46	11.07	10.79	10.57	10.39	10.25	10.03	9.51	9.59	9.47	9.36	9.24	9.12	9.00	8.88
7	16.24	12.42	10.88	10.05	9.52	9.16	8.88	8.68	8.51	8.38	8.18	7.97	7.75	7.65	7.53	7.42	7.31	7.19	7.08
8	14.69	11.04	9.60	8.81	8.30	7.95	7.69	7.50	7.34	7.21	7.01	6.81	6.61	6.50	6.40	6.69	6.18	6.06	5.95
9	13.61	10.11	8.72	7.96	7.47	7.13	6.88	6.69	6.54	6.42	6.23	6.03	5.83	5.73	5.62	5.52	5.41	5.30	5.19
10	12.83	9.43	8.08	7.34	6.87	6.54	6.30	6.12	5.97	5.85	5.66	5.47	5.27	5.17	5.07	4.97	4.86	4.75	4.64
11	12.23	8.91	7.60	6.88	6.42	6.10	5.86	5.68	5.54	5.42	5.24	4.05	4.86	4.76	4.65	4.55	4.44	4.34	4.23
12	11.75	8.51	7.23	6.52	6.07	5.76	5.52	5.35	5.20	5.09	4.91	4.72	4.53	4.43	4.33	4.23	4.12	4.01	3.90
13	11.37	8.19	6.93	6.23	5.79	6.48	5.25	5.08	4.94	4.82	4.64	4.46	4.27	4.17	4.07	3.97	3.87	3.76	3.65
14	11.06	7.92	6.68	6.00	5.56	5.26	5.03	4.86	4.72	4.60	4.43	4.25	4.06	3.96	3.86	3.76	3.66	3.55	3.44
15	10.80	7.70	6.48	5.80	5.37	5.07	4.85	4.67	4.54	4.42	4.25	4.07	3.88	3.79	3.69	3.58	3.48	3.37	3.26
16	10.58	7.51	6.30	5.64	5.21	4.91	4.69	4.52	4.38	4.27	4.10	3.92	3.73	3.64	3.54	3.44	3.33	3.22	3.11
17	10.38	7.35	6.16	5.50	5.07	4.78	4.56	4.39	4.25	4.14	3.97	3.79	3.61	3.51	3.41	3.31	3.21	3.10	2.98
18	10.22	7.21	6.03	5.37	4.96	4.66	4.44	4.28	4.14	4.03	3.86	3.68	3.50	3.40	3.30	3.20	3.10	2.99	2.87
19	10.07	7.09	5.92	5.27	4.85	4.56	4.34	4.18	4.04	3.93	3.76	3.59	3.40	3.31	3.21	3.11	3.00	2.89	2.78
20	9.94	6.99	5.82	5.17	4.76	4.47	4.26	4.09	3.96	3.85	3.68	3.50	3.32	3.22	3.12	3.02	2.92	2.81	2.69
21	9.83	6.89	5.73	5.09	4.68	4.39	4.18	4.01	3.88	3.77	3.60	3.43	3.24	3.15	3.05	2.95	2.84	2.73	2.61
22	9.73	6.81	5.65	5.09	4.61	4.32	4.11	3.94	3.81	3.70	3.54	3.36	3.18	3.08	2.98	2.88	2.77	2.66	2.55
23	9.63	6.73	5.58	4.95	4.54	4.26	4.05	3.88	3.75	3.64	3.47	3.30	3.12	3.02	2.92	2.82	2.71	2.60	2.48

n \ M	1	2	3	4	5	6	7	8	9	10	12	15	20	24	30	40	60	120	∞
24	9.55	6.66	5.52	4.89	4.49	4.20	3.99	3.83	3.69	3.59	3.42	3.25	3.06	2.97	2.87	2.77	2.66	2.55	2.43
25	9.48	6.60	5.46	4.84	4.43	4.15	3.94	3.78	3.64	3.54	3.37	3.20	3.01	2.92	2.82	2.72	2.61	2.50	2.38
26	9.41	6.54	5.41	4.79	4.38	4.10	3.89	3.73	3.60	3.49	3.33	3.15	2.97	2.87	2.77	2.67	2.56	2.45	2.33
27	9.34	6.49	5.36	4.74	4.34	4.06	3.85	3.69	3.56	3.45	3.28	3.11	2.93	2.83	2.73	2.63	2.52	2.41	2.29
28	9.28	6.44	5.32	4.70	4.30	4.02	3.81	3.65	3.52	3.41	3.25	3.07	2.89	2.79	2.69	2.59	2.48	2.37	2.25
29	9.23	6.40	5.28	4.66	4.26	3.98	3.77	3.61	3.48	3.38	3.21	3.04	2.86	2.76	2.66	2.56	2.45	2.33	2.21
30	9.18	6.35	5.24	4.62	4.23	3.95	3.74	3.58	3.45	3.34	3.18	3.01	2.82	2.73	2.63	2.52	2.42	2.30	2.18
40	8.83	6.07	4.98	4.37	3.99	3.71	3.51	3.35	3.22	3.12	2.95	2.78	2.60	2.50	2.40	2.30	2.18	2.06	1.93
60	8.49	5.79	4.73	4.14	3.76	3.49	3.29	3.13	3.01	2.90	2.74	2.57	2.39	2.29	2.19	2.08	1.96	1.83	1.69
120	8.18	5.54	4.50	3.92	3.55	3.28	3.09	2.93	2.81	2.71	2.54	2.37	2.19	2.09	1.98	1.87	1.75	1.61	1.43
∞	7.88	5.30	4.28	3.72	3.35	3.09	2.90	2.74	2.62	2.52	2.36	2.19	2.00	1.90	1.79	1.67	1.53	1.36	1.00